COURS

DE

MINÉRALOGIE

BIOLOGIQUE

COURS DE MINÉRALOGIE BIOLOGIQUE

PREMIÈRE SÉRIE

La vie est impossible sans matière minérale. — Métaux biodynamiques et métaux abiodynamiques. — Le végétal et l'animal devant le minéral. — Propriétés des métaux biodynamiques. — Etude de quelques propriétés physiologiques du magnésium.
Un volume in-18 (1897). . . . . 4 fr.

DEUXIÈME SÉRIE

Les minéraux dans les ferments. — Théorie minérale des fermentations. — L'azote est tributaire du minéral. — La nutrition dépend de la minéralisation. — Minéraux alimentaires. — Aliments minéraux. — Minéralisation de l'homme. — Minéralisation de la peau et de ses annexes.
Un volume in-18 (1899). . . . . 4 fr.

TROISIÈME SÉRIE

Analyse minérale de la chair de l'homme et des animaux. — Déminéralisation et reminéralisation de l'homme. — Spécifique minéral des maladies bactériennes. — L'iodobensoyliodure de magnésium dans le traitement de la broncho-pneumonie.
Un volume in-18 (1901). . . . . 4 fr.

QUATRIÈME SÉRIE

Minéralisation et sélection naturelle. — Spécificité et spécialité de minéralisation. — Le calcium, métal de construction. — Le magnésium, métal de la reproduction. — Pouvoir rotatoire et minéralisation des sérums. — Corps optiquement actifs et inactifs dans l'ovo-albumine, dans les sérums. — Action paradoxale de la matière minérale sur le pouvoir rotatoire des sérums. — Le pouvoir rotatoire d'un mélange d'albuminoïdes est *moyen*. — Les séro-réactions sont d'ordre chimique. — Les toxines n'altèrent point le pouvoir rotatoire des sérums.
Un volume in-18 (1903). . . . . 4 fr.

J. GAUBE (du Gers)

COURS

DE

MINÉRALOGIE

BIOLOGIQUE

SÉLECTION ET MINÉRALISATION
SPÉCIFICITÉ DE MINÉRALISATION — MINÉRALISATION
ET POUVOIR ROTATOIRE DES SÉRUMS.

Quatrième série

PARIS

A. MALOINE, ÉDITEUR

23-25, RUE DE L'ÉCOLE-DE-MÉDECINE, 23-25

1903

PREMIÈRE PARTIE

SÉLECTION ET MINÉRALISATION

SPÉCIFICITÉ DE MINÉRALISATION

COURS DE MINÉRALOGIE BIOLOGIQUE

DE LA

Spécificité de Minéralisation.

PREMIÈRE LEÇON

DE LA SPÉCIFICITÉ DE MINÉRALISATION EN GÉNÉRAL
— SÉLECTION PAR LA MINÉRALISATION

Messieurs,

En France et aussi en Allemagne on a confondu jusqu'ici, la Minéralogie biologique, d'une part, avec cette partie de l'agronomie qui traite des engrais minéraux, et, d'autre part, avec la minéralothérapie. La Minéralogie biologique est une science fondée sur des principes certains ; la partie de l'agronomie qui traite des engrais minéraux et la minéralothérapie sont des applications pratiques de la Minéralogie biologique.

Le principe même de la *Minéralogie biologique*, c'est que la matière minérale prédomine à la

matière organique ; ce principe paraît en contradiction avec l'idée philosophique de *progrès* si l'on
considère les dernières formes de la vie comme un
grand perfectionnement en comparaison des formes
qui les ont précédées ; mais de nombreux facteurs
concourent à la sélection naturelle pour modifier
les formes de la vie et « la sélection naturelle, dit
Darwin (*Origine des espèces*, page 182, traduct.
Barbier), n'agit que par la conservation des modifications avantageuses. »

Quoique les corps divers que nous connaissons
ne soient, selon toute probabilité, que des groupements moléculaires différents d'une substance
unique, sous laquelle on ne trouverait, d'après Mo-
leschott, rien autre chose que la *force*, nous sommes
obligés de constater la fixité des éléments de minéralisation et la mobilité des éléments organiques. En effet, la matière organique est faite de
corps gazeux condensés, dont les molécules sont
douées d'une grande mobilité ; les éléments constituants de la matière organique possèdent des qualités électriques opposées aux qualités électriques de
la matière minérale proprement dite ; les éléments
constituants de la matière organique forment, en se
combinant avec l'un d'eux, avec l'oxygène, des
combinaisons dites *acides*, par opposition aux combinaisons de l'oxygène avec les éléments de miné-

ralisation que l'on appelle *oxydes* ou bases. Les qualités électriques opposées des acides et des bases les attirent les uns vers les autres, les font se combiner pour engendrer des corps nouveaux, des sels qui, en grande dilution, acquièrent une nouvelle puissance de combinaison.

Ainsi, la matière organisée, la matière protéique doit, de par sa nature, toujours se comporter comme un acide ; c'est ce qui arrive ; la matière organique s'attache à la matière minérale par son acidité.

Tout organisme, petit ou grand, est composé de deux sortes d'éléments différents : d'éléments de minéralisation, fixes, et d'éléments organiques, mobiles ; les éléments mobiles viennent se grouper autour des éléments fixes ; il est bien évident que la sélection naturelle, aidée de toutes autres circonstances, ne peut exercer son action que sur les éléments de constitution mobiles ; par contre, la présence ou l'absence des éléments fixes peut aider considérablement à la sélection naturelle ; que les éléments contingents, mobiles, groupés sous les formes les plus diverses, soient ou ne soient point, les éléments fixes, le *calcium*, le *magnésium*, le *potassium*, le *sodium*, etc., n'en resteront pas moins *calcium*, *magnésium*, etc.

La terre contient aujourd'hui autant de *calcium*, de *magnésium*, etc., qu'elle en contenait il y a des milliers d'années ; il n'est, cependant, pas douteux que les formes de la vie ne se soient modifiées et ne se modifient même sous nos yeux, mais les modifications se produisent avec une grande lenteur, et Darwin est, en ce point, d'accord avec J. G. Saint-Hilaire pour le constater. « Les caractères spécifiques sont fixés pour chaque espèce, dit Saint-Hilaire, tant qu'elle se perpétue au milieu des mêmes circonstances ; ils se modifient si les conditions ambiantes viennent à changer. » (*Rev. de Zoolog.*, 1851.)

Pour Lamarck et les lamarckiens, les variations des êtres vivants dépendent de l'influence directe des milieux ; pour les darwiniens, les variations des êtres vivants sont indépendantes des milieux. Darwin se défend d'être aussi exclusif. « Je suis convaincu, dit-il (*loco citato*, page 565), que la sélection naturelle a été l'agent principal des modifications, mais qu'elle n'a pas été exclusivement le seul. »

La sélection naturelle, la plus importante, et la sélection sexuelle sont deux des conditions de la continuité de la vie, mais l'influence des milieux est considérable, et l'influence du sol, de la minéralisation, est plus considérable encore, car elle est le premier des facteurs, de la sélection naturelle. A ce propos, je vous rappellerai l'histoire des deux hases rapportée dans la première leçon de la première série de nos leçons : l'une des deux hases se nourrissait d'aliments riches en matière minérale ; l'autre, se nourrissait exclusivement d'herbage ; la première hase eut des lapins gros et vigoureux ; la deuxième hase eut des lapins mort-nés et des lapins vivants dégénérés qui périrent bientôt ; voilà, si je ne me trompe, un fait de sélection, par défaut de minéralisation, par déminéralisation du sol de la mère. La mère est fortement minéralisée, elle produit des petits forts, vigoureux, capables de perpétuer sa race ; la mère est déminéralisée, ses petits meurent, incapables qu'ils sont de lutter pour la vie.

La mutabilité des espèces dans la suite des temps ne fait aucun doute pour nous. Ce que je vais vous dire, tout à l'heure, nous obligera même à porter nos regards jusques avant l'origine de la *monère* de Hæckel, jusqu'à la conception d'un protoplasme unique d'où sont sorties par gradations toutes les formes de la vie.

L'embryogénie nous enseigne que la première image de la vie est la même pour tous les animaux, l'homme y compris ; que tous les animaux d'une même classe, les vertébrés, par exemple, l'homme y compris, paraissent avoir un ascendant commun, une flagellée (?), d'après M. Dangeard. (*Compte R.* T. cxxxii. Page 860.)

La ressemblance des embryons des vertébrés pendant les premières phases de leur développement est si parfaite, selon de Baër, qu'on ne peut les distinguer que par leur grosseur. La ressemblance des embryons d'individus d'une même classe, pendant la première période embryonnaire, n'a, le plus souvent, aucun rapport avec les conditions de leur future existence. Darwin pense que la différenciation successive des embryons est le résultat de variations héréditaires des ascendants aux différentes phases de la vie, variations qui sont devenues héréditaires à un âge correspondant. Les raisons sur lesquelles Darwin appuie la transmission, par hérédité, des variations à l'âge correspondant, trouvent un solide appui dans les principes que j'ai établis : *l'aptitude minérale du protoplasme ; le rapport de participation à la vie des éléments de minéralisation.*

Je ne chercherai pas autrement l'explication d'un fait acquis, soit la ressemblance de tous les embryons d'une même classe pendant la première période embryonnaire ; je jetterai, peut-être, quelque lumière sur ce fait, en étudiant la spécificité de minéralisation.

J'appelle spécificité de minéralisation, la minéralisation exclusive d'un élément cellulaire, propre à un élément cellulaire déterminé, sans tenir compte de la forme de cette cellule, qui est partout et toujours douée des mêmes qualités fonctionnelles. Le liquide sanguin possède également une spécificité de minéralisation.

Le potassium est, chez les animaux, le minéral spécifique du liquide sanguin, car il se rencontre, sans exception, dans le sang de tous les animaux connus, en quantité plus grande que tous les autres métaux, alors que le fer, quoique le plus répandu parmi les éléments de minéralisation de l'hématie, n'est point constant au sein des liquides véhiculant l'oxygène dans les vaisseaux, témoin le sang du poulpe dans lequel le fer est remplacé par le cuivre.

La minéralisation du liquide nourricier des larves en général, la minéralisation du sang d'un grand nombre d'invertébrés est faite presque exclusivement dè sels de potassium. Le rôle du potassium dans le liquide sanguin est de favoriser les oxydations.

L'hématie est une forme supérieure d'adaptation du milieu sanguin afin d'obtenir le *maximum* actuellement possible d'oxydation ; et si l'on veut bien considérer que l'hémoglobine est un sel de fer composé de matière protéique et d'oxyde ferrique, que l'hémoglobine est un ferment, ferment que détruisent les acides et que régénèrent les bases, l'on comprendra l'utilité du potassium dans le globule sanguin, l'on comprendra pourquoi la présence du potassium est indispensable dans le globule sanguin, pourquoi le potassium, minéral spécifique du liquide sanguin, en général, est l'un des constituants nécessaires de l'hématie, forme avantageuse du liquide sanguin. Le potassium est donc le spécifique du liquide sanguin ; je veux dire par là que le liquide nourricier, *la chair coulante*, selon la pittoresque expression de Bordeu, ne serait point, même chez l'homme où il a acquis le plus haut degré de perfection, le sang ne serait pas le sang sans le potassium. Les autres éléments de minéralisation du sang varient, changent, le potassium demeure toujours et partout le minéral du sang ; il est caractéristique de *l'espèce* des liquides appelés *sang*.

Nous retrouverons le potassium comme élément de minéralisation d'autres tissus, incontestablement ; quoi d'étonnant, puisque le sang nourrit, en définitive, tous les tissus dès la période embryonnaire ; mais nous ne retrouverons plus le potassium ni avec le même caractère de généralisation, ni avec le caractère de *spécificité*.

Je vous montrerai, dans le courant des leçons de cette année, la *spécificité* des plus importants parmi les éléments de minéralisation qui entrent dans la constitution des êtres vivants; nous verrons la matière organique, la matière organisée, modelée, pour ainsi dire, par la matière minérale et nous pourrons constater, dans l'expression de ce phénomène, la faculté d'adaptation de la matière organisée et conclure de cette adaptation que le *sol*, que la *minéralisation* est le premier et le plus puissant des agents de *la sélection naturelle*.

Je vous disais, il y a un instant, que tous les embryons d'une même classe, tout au moins, se ressemblaient au point qu'il était impossible de les distinguer les uns des autres pendant les premières périodes embryonnaires. Je pense que la différenciation des embryons, l'*hérédité correspondante* de Darwin, trouvent leur raison d'être dans la *spécificité de minéralisation* du protoplasme.

Le protoplasme, en général, est exclusivement composé de matière organique, de calcium et de magnésium; le calcium, c'est la puissance du *développement* de la matière organique; le magnésium, c'est la puissance de *reproduction* de la matière organisée. Le protoplasme universel est un *ferment hydratant* capable de transformer les corps ternaires qui furent assurément les premiers constitués, en raison même du peu d'affinité de l'azote.

Vous vous rappelez que si la segmentation du *Vitellus* paraît être, dans quelques cas, une marque précoce mais peu sûre de la différenciation des espèces, la différenciation des espèces commence réellement avec la division du blastoderme en feuillet sensitif ou de Remak et en feuillet végétatif ou feuillet de Baër; à ce moment, s'accentue également, d'une manière sensible, ce que j'appelle le *rapport de participation à la vie des éléments de minéralisation*, rapport qui se soutiendra jusqu'à la fin de l'être. Le rapport de participation à la vie des éléments de minéralisation n'est point autre chose que l'utilisation par les individus d'une même classe, par exemple, sous des poids et en des combinaisons différentes, des mêmes matériaux de minéralisation (1).

Du rapport de participation à la vie des mêmes éléments de minéralisation naissent les *espèces* telles que nous les connaissons et aussi les variations dans les espèces.

L'aptitude protoplasmique de minéralisation à laquelle j'accorde la plus large place dans l'action de souvenance héréditaire de Darwin, ou autrement dit l'hérédité, dans la descendance, des transformations, des aptitudes acquises par les ascendants, l'aptitude protoplasmique de minéralisation fait que

---

(1) Voir : *Essai de statique minérale du placenta et du fœtus humain,* par le docteur J.-J. Gaube (du Gers), Paris, 1900. Maloine éditeur.

la radicelle sait choisir les corps simples les plus rares, dans un sol déterminé, parmi ceux qui lui sont utiles, que les animaux et l'homme à la suite des plantes se nourrissent d'aliments minéraux le mieux appropriés à leur vie actuelle.

Plus les organismes se rapprochent du protoplasme primitif, plus est simple leur reproduction ; une partie détachée du tout vit et se reproduit. Il semble qu'une grande distance sépare la reproduction des organismes inférieurs de la reproduction des êtres les plus élevés dans la série animale ; cependant, la reproduction des organismes supérieurs et des animaux qui nous touchent de plus près, la reproduction de nous-mêmes enfin, se rapproche, au point de se confondre avec elle, de la reproduction des organismes inférieurs. Si, au point de vue de l'embryogénie, de la physiologie, la reproduction des espèces supérieures est compliquée, au point de vue de la minéralogie biologique, la reproduction de tous les êtres vivants, végétaux ou animaux, est aussi simple ; la même *spécificité de minéralisation* préside toujours à tous les actes de la reproduction, et, c'est le magnésium qui est le *spécifique minéral* de la reproduction. Le magnésium est le minéral exclusif, propre, de la reproduction quelle que soit la forme, la puissance de l'être capable de se reproduire.

Je ne veux faire aucune allusion ici à la parthénogenèse expérimentale, mais il est vraiment singu-
lier de voir baigner des œufs d'échinodermes ou
d'amphibies dans du sublimé, du glucose, de la
glycérine ou dans des sels de différentes natures et
de rester étonné de ne point voir sortir de ces œufs,
Minerves nouvelles, des êtres armés de pied en cap
pour conquérir l'existence.

Les expérimentateurs en parthénogenèse ont pu
obtenir tout juste une apparence de segmentation du
vitellus, et encore quelle segmentation ? Lœb (voir
Médecine moderne, n° du 7 mars 1900) paraît avoir
obtenu des larves d'oursins, expérimentalement ;
je sais que le fait a été contesté, mais il m'a semblé
que les expérimentateurs ne s'étaient point placés
dans les mêmes conditions que Lœb ; ils ont négligé le magnésium (1).

(1) Cette leçon était à l'impression lorsque j'ai lu
dans les Comp. R., t. cxxxv, page 198, les expériences
de M. Viguier. M. Viguier a constaté que non seulement la solution de chlorure de magnésium de Lœb.
n'a point favorisé la *fertilisation* des œufs du type *ar-
bacia*, mais au contraire, qu'elle a tué *infailliblement*
les œufs des trois espèces observées. En attendant que
les expérimentateurs tombent d'accord, nous nous en
tiendrons aux résultats analytiques et nous continue-
rons à considérer le magnésium comme *le métal de la
génération*.

Le magnésium représente la *spécificité* de la re-production, c'est-à-dire que sans magnésium il n'est point de reproduction. Le magnésium est le *spéci-fique* de la reproduction chez les êtres inférieurs parce qu'ils se rapprochent de la constitution du protoplasme universel dont la minéralisation est faite de *calcium* et de *magnésium* ; le magnésium est le spécifique de la reproduction des métazoaires et des métaphytes parce qu'il est le métal *dominant*, constant, des cellules génératrices mâles ou femelles.

J'ai une excuse sérieuse pour ne pas vous livrer les secrets de la nature, c'est que je ne les connais pas ; le fait révélé par l'analyse est incontestable : le magnésium est constamment le métal dominant des agents de la reproduction ; la reproduction n'a pas lieu sans la présence du magnésium. Il est probable que si nous allions au fond des choses, nous trouve-rions, dans les qualités physiques et chimiques du magnésium, les raisons pour lesquelles la nature a choisi le magnésium comme spécificité de minéra-lisation de la reproduction. Nous pourrions envi-sager le magnésium en combinaisons chimiques, à l'état de grande diffusion ; en combinaison albumi-noïde, à l'état d'albuminate, combinaison fragile capable, comme la diffusion, de rendre facilement au magnésium sa liberté d'action ; or, le magnésium est un corps éminemment réducteur ; nous ne connaissons pas encore assez le magnésium pour nous permettre de transporter ses propriétés physiques et chimiques dans l'acte de la reproduction où il ne peut agir, cependant, qu'en vertu de ses qualités intrinsèques.

Isidore Pierre (*Ann. de phys.et de chim.*, 3ᵉ série, t. xxxv) et Jannetaz (*Génie civil*, 1894) avaient déjà constaté que les graines de graminées privées de magnésium, par raréfaction de ce métal dans le sol, étaient flasques, incomplètes ; que leur plantule était rudimentaire ; j'ai constaté le même fait, en 1895, en expérimentant sur l'*œgilops ovata* ; à la même époque, j'ai vu des souris, animaux très prolifiques, devenir stériles, tout en conservant leur bonne santé apparente, au bout de six mois pendant lesquels elles avaient été nourries avec une alimentation privée de magnésie ou en contenant fort peu.

J'aurais voulu pouvoir analyser, à ce moment, le corps des souris en expérience et comparer les résultats de l'analyse à ceux que m'aurait fournis l'analyse de souris vivant dans les mêmes conditions mais nourries comme on nourrit ordinairement ces petits rongeurs ; le temps m'a manqué, mais j'ai eu l'occasion de faire d'autres analyses au moins aussi intéressantes et plus probantes, je le crois.

Voici les analyses du vitellus de l'œuf de poule, des *testes* de coq adulte ; l'analyse des *testes* d'un fœtus de cheval âgé de onze mois ; l'analyse des éléments figurés de la semence du taureau ; l'analyse de la semence du taureau retirée des vésicules séminales ; l'analyse de la graine du blé et de la plantule.

Analyse du vitellus de l'œuf de poule.

Magnésium....................   0 gr. 404 p. 1000
Calcium........................   0 — 257   —

Analyse de TESTES *de coq adulte.*

Magnésium....................   0 gr. 876 p. 1000
Calcium........................   0 — 657   —
Potassium.....................   3 — 102   —

Analyse des TESTES *d'un fœtus de cheval de onze mois.*

Magnésium....................   0 gr. 006 p. 1000
Calcium........................   0 — 050   —
Potassium.....................   0 - 166   —

Analyse des éléments figurés de la semence de taureau.

Magnésium....................   5 gr. 82 p. 1000
Calcium........................   3 — 60   —
Acide phosphorique anhydre.   23 — 86   —

Analyse de la semence de taureau, retirée des vésicules séminales.

Magnésium................	2 gr. 297	p. 1000
Calcium....................	1 — 149	—
Potassium..................	3 — 718	—
Sodium	0 — 322	—
Chlore	0 — 780	—
Acide phosphorique anhydre.	10 — 910	—

Analyse des semences du blé.
Plantules.

Magnésium................	0 gr. 852	p. 1000
Calcium....................	0 — 249	—
Acide phosphorique anhydre.	3 — 39	—

Semences du blé sans plantules.

Magnésium................	2 gr. 184	p. 1000
Calcium....................	0 — 378	—
Potassium..................	5 — 602	—
Sodium	0 — 089	—
Acide phosphorique anhydre.	10 — 140	—

Vous savez que le vitellus de l'œuf de poule est *méroblaste*, c'est-à-dire complexe : le vitellus de l'œuf de poule se divise en *vitellus blanc* ou de formation et en *vitellus jaune* ou de nutrition ; dans l'œuf humain le vitellus de formation et le vitellus de nutrition sont intimement mélangés ; l'œuf humain est simple ou *holoblaste*. En dehors du vitellus, les œufs contiennent une autre substance

albuminoïde qui entoure le vitellus ; cette substance
est appelée le *blanc* de l'œuf dans l'œuf de la poule,
blanc qu'il ne faut pas confondre avec le vitellus
blanc au-dessus duquel se trouve la *cicatricule*. Le
blanc de l'œuf ou la matière albuminoïde qui entoure le vitellus a une minéralisation toute différente de la minéralisation du vitellus. Le blanc de
l'œuf contient le potassium et le sodium ; le jaune
de l'œuf contient le calcium et le magnésium ; cette
répartition de la minéralisation est nette, caractéristique ; dans le jaune de l'œuf le magnésium
domine le calcium; dans le blanc, le sodium domine
le potassium. Retenez bien ce fait, car vous verrez
qu'il a une grande importance au point de vue de
l'interprétation des phénomènes de la reproduction.

Que les œufs soient méroblastes comme les œufs
de poule, qu'ils soient holoblastes comme les œufs
humains, dans un cas comme dans l'autre, il est
impossible de séparer le vitellus de formation du
vitellus de nutrition ; la question peut donc se poser
de savoir si le magnésium est le spécifique de minéralisation de l'un des vitellus à l'exclusion de l'autre
et si le calcium ne partage pas la spécificité de la
procréation avec le magnésium. Je vous démon-
trerai, dans l'une des leçons suivantes, par des
expériences bien nettes, bien précises, que si le
calcium a son rôle dans le vitellus, ce rôle est tout

spécial et rentre dans le caractère général de la spécificité de minéralisation du calcium, spécificité la plus générale de toutes les spécificités de minéralisation, en rapport, comme je l'ai déjà fait remarquer, avec l'abondance du calcium dans la nature.

Le magnésium, sans le secours d'un autre minéral, est le minéral spécifique de la reproduction, car par son action les spores et les spermatozoïdes augmentent en nombre, en volume et en vigueur. Les éléments figurés de la semence animale que l'on extrait par filtration sont composés, au point de vue minéral, comme le vitellus; le magnésium y domine le calcium et le sodium et le potassium y sont faiblement représentés; par contre, dans le liquide qui baigne les spermatozoïdes, dans la glande qui les produit, on trouve le sodium et le potassium, ce dernier en abondance.

Une preuve que le calcium et le magnésium ont une spécificité de minéralisation cellulaire différente par rapport aux cellules génératrices est fournie par l'analyse des *testes* du fœtus de cheval ; le fœtus n'est pas encore arrivé au moment où le magnésium lui sera indispensable pour faire acte de générateur ; les glandes séminales sont en voie de construction ; le calcium y domine de beaucoup le magnésium, de 86 %; le magnésium et le potassium sont là comme témoins de la qualité de l'organe plutôt qu'acteurs dans son activité.

Nous rencontrons le magnésium comme élément de minéralisation d'un certain nombre d'éléments cellulaires dont quelques-uns, la cellule nerveuse, par exemple, sont placés au sommet de l'organisation des animaux : il n'y a peut-être pas très loin de la cellule qui pense à la cellule qui procrée !

Le magnésium représente donc la spécificité minérale de la procréation : de la plus ou moins grande fréquence du magnésium dans les cellules génératrices, au moment de la procréation, dérivent, sans doute, la valeur du sujet procréé et aussi cette force évolutive que l'on a appelée *poussée vitale*, poussée vitale qui n'est point autre chose que l'un des modes de la *sélection naturelle* par la *minéralisation*.

DEUXIÈME LEÇON

DE LA SPÉCIFICITÉ DES DIVERS ÉLÉMENTS
DE MINÉRALISATION

Messieurs,

Pendant cette leçon et celles qui vont suivre, je vais m'attacher à vous donner les preuves expérimentales des faits généralement relatés dans la leçon précédente. Je ne vous parlerai pas, de suite, de la spécificité de minéralisation des cellules constituant les divers tissus qui entrent dans la construction des animaux et moins encore de la spécificité de minéralisation des colonies cellulaires dont l'admirable agrégat constitue l'homme que je considère comme la plus haute perfection de l'évolution selon les idées de Darwin.

Le mot évolution a deux significations différentes dans la science. Pour Leibnitz, Cuvier, Haller, etc., le mot *évolution* est synonyme *d'emboitement des germes*. La théorie de l'emboîtement des germes ou de l'*évolution* admet que les premiers germes créés contiennent à l'état de réduction et les individus et leurs germes futurs.

Malpighi dont le nom vous est familier, Swammerdam et autres plaçaient les germes emboîtés dans l'œuf ; ils furent dénommés *Ovistes*. Spallanzani, Leuwenhoeck plaçaient les germes emboîtés dans le sperme ; ils furent dénommés *Spermatistes* Tout récemment, M. Dangeard semble, par ses recherches, avoir mis d'accord les ovistes et les spermatistes car, « à un point de vue général, dit-il (*Programme d'un essai sur la reproduction sexuelle*, *Le Botaniste*, 7ᵉ série, page 263), les théories des spermatistes et des ovistes n'étaient point contradictoires ; un spermatozoïde représente une zoospore et il en est de même de l'ovule. » Pour Darwin et les contemporains le mot *évolution* signifie progrès, perfectionnement des formes de la vie par sélection naturelle ou sexuelle, par une adaptation progressive des espèces ou pour mieux dire des variétés, les espèces, dérivés d'un ascendant commun, n'étant que des termes de l'évolution dans la suite des temps.

Je ferai mes démonstrations à l'aide d'êtres placés assez bas dans l'échelle des êtres vivants, quoique fort compliqués encore. Les sujets d'expérience que j'ai trouvés le plus à ma portée sont des végé-taux autrefois appelés *mucédinées*. Les mucédi-nées ont disparu des classifications botaniques ; elles ont été réparties, à tort ou à raison, dans divers genres de *thallophytes*. Je continuerai, néan-moins, à me servir du terme mucédinées ; je consi-dérerai comme telles, selon la définition de Costan-tin (*Les Mucédinées simples*, Paris, 1888, page 1), les champignons *filamenteux* se développant à la *surface* des matières vivantes ou inanimées et pro-duisant des spores externes.

Mon premier soin n'a pas été de chercher un milieu de culture propre à chaque mucédinée, milieu de culture permettant à la mucédinée de donner le *maximum* de rendement, mais, au contraire, de mettre un lot de mucédinées en contact avec de l'eau distillée contenant du saccharose et pour cha-que lot un élément distinct et déterminé de miné-ralisation.

En 1888, date de la publication du livre de Cos-tantin, la *Minéralogie biologique* n'existait pas encore ; aussi n'est-il pas étonnant de voir l'auteur de ce livre, émule de Van Thieghem, de Tulasne, de de Bary, nous dire qu'en préparant le liquide qui porte son nom, Raulin n'avait qu'un but : chercher à obtenir, dans le temps le plus court, le plus grand développement en poids de la plante, en sup primant tous les corps qui font baisser le poids de la récolte ; ainsi Raulin n'a pas soupçonné la grandeur du problème qu'il venait de résoudre en cultivant le *Sterigmatocystis nigra*. Je ne connais rien, d'ailleurs, dans les écrits de Pasteur, qui nous renseigne sur l'idée qui le guidait quand il ajoutait des cendres de levure de bière à une culture de levure de bière ; il voulait simplement obtenir, comme Raulin, le plus grand rendement possible dans le temps le plus court.

La nutrition des mucédinées, ceci n'est pas une exception aux lois générales qui régissent la vie, s'accomplit au milieu de phénomènes chimiques remarquables mais différents, dans le même milieu, à la même température, comme l'a démontré Gayon (*Mémoires de la Société des Sciences physiques et naturelles de Bordeaux*, 2e série, 1871, t. 1). Ce que Gayon et les auteurs qui se sont occupés des mucédinées et des modifications chimiques de culture, selon les individus, n'ont pas dit, c'est qu'en vertu d'une loi générale, chaque individu réagit, dans un milieu de culture donné, suivant ses *aptitudes protoplasmiques de minéralisation* guidées, sans doute, par la double influence de l'habitude et de l'hérédité à *l'âge correspondant*. Vous verrez, tout à l'heure, que dans un milieu des plus simples, mais de minéralisation différente, une même mucédinée transforme les milieux de culture dans.le même sens, mais avec une intensité différente, cependant qu'elle subit de puissantes modifications d'adaptation, cependant que *la sélection par la minéralisation* agit puissamment sur elle, toutes autres actions extérieures de milieu demeurant les mêmes.

Dans une première série d'expériences nous prenons un lot de mucédinées qui se sont développées spontanément sur la coupe d'un citron ; par le mot spontanément, je veux dire sans que la coupe du citron ait été volontairement ensemencée. Nous plaçons un poids égal de ces mucédinées dans de larges cristallisoirs à la surface d'une solution stérilisée contenant 2 gr. 125 °/₀ de saccharose et soit du lithium, du potassium, de l'aluminium, du calcium, du zinc, du sodium ou du magnésium sous forme de benzoate métallique.

Nous avions ainsi dans les cristallisoirs : (1)

(1) On nous renouvellera, peut-être, l'objection que Baillon (*Traité de Botanique médicale cryptogamique*, note de la page 241) faisait à Duclaux, à propos du liquide de Raulin : on ne conçoit pas très bien qu'on nomme minéral un liquide qui, en dehors de l'eau, renferme sur 2 gr. 175 de matière active, 97 0/0 de sucre.

Nous avons, dans notre esprit, le droit d'appeler un tel liquide, liquide minéral, par opposition à un autre liquide qui contiendrait une substance azotée ; mais,

I

Lithium (sous forme de benzoate).	0 gr. 00579
Saccharose......................	2 — 125
Eau distillée....................	100 — 000

II

Potasse (sous forme de benzoate)..	0 gr. 014
Saccharose......................	2 — 125
Eau distillée....................	100 — 000

III

Benzoate de bismuth.............	0 gr. 05
Saccharose......................	2 — 125
Eau distillée...................	100 — 000

IV

Benzoate d'alumine.............	0 — 05
Saccharose......................	2 — 125
Eau distillée....................	100 — 000

V

Benzoate de chaux..............	0 gr. 05
Sacharose......................	2 — 125
Eau distillée....................	100 — 000

nous avons principalement le droit d'appeler un tel
liquide, liquide minéral, parce que la plante se développe, en présence de la même matière organique, selon
la nature du minéral que contient le liquide de culture ;
parce que le rendement, en poids, de la végétation, la
nature et le poids de la matière organique demeurant
les mêmes, est en rapport avec la nature de la minéralisation.

VI

Benzoate de zinc	0 gr.	05
Saccharose	2 —	125
Eau distillée	100 —	000

VII

Benzoate de sodium	0 gr.	05
Saccharose	2 —	125
Eau distillée	100 —	000

VIII

Benzoate de magnésium	0 gr.	05
Saccharose	2 —	125
Eau distillée	100 —	000

Voilà un même poids de mucédinées placé sur l'eau distillée, stérilisée, tenant en dissolution un même poids du même hydrate de carbone et également en dissolution ou en suspension un même poids d'un benzoate métallique différent.

Deux ordres de critiques paraissent pouvoir être adressés, de prime abord, à notre première série d'expériences : la première des critiques serait que le lot des mucédinées placé dans chaque cristallisoir était composé de plusieurs mucédinées et qu'ainsi la répartition du travail chimique de chaque mucédinée, dans chaque cas, deviendrait impossible à déterminer ; à cette première critique répondront les résultats du travail chimique accompli dans chacun des cristallisoirs, résultats que nous examinerons un peu plus loin ; la seconde des critiques serait que les cinq centigrammes de sel ajoutés à chaque solution de saccharose ne correspondent point entre eux ni par leur poids moléculaire de l'acide ni par leur poids moléculaire de la base ou, si vous le préférez, par le poids atomique des métaux combinés avec l'acide benzoïque. Si nous avions employé un poids moléculaire constant d'acide benzoïque ou de tout autre acide combiné avec les métaux, les inconvénients de l'expérience eussent été les mêmes ; en outre, il était impossible de faire intervenir les métaux autrement qu'à l'état de sels, et parmi ceux-ci, nous avons choisi un sel organique dont l'acide pouvait être l'un des éléments de conservation de nos liquides sans trop gêner la vie des mucédinées.

Nous allons d'abord nous occuper des milieux de culture, nous nous occuperons ensuite de la récolte.

Le milieu ambiant gazeux était composé de l'air de Paris, air souillé, par conséquent, de gaz délétères : oxyde de carbone, ammoniaque, hydrocarbures de différentes constitutions, hydrogène libre (A. Gautier), etc. La température du milieu ambiant gazeux a été, en moyenne, de $+ 15^\circ$ C.

Le milieu de culture proprement dit était com-

2.

posé d'eau distillée, de saccharose, d'un benzoate métallique stérilisés ; ce milieu est liquide, neutre au papier de tournesol et clair pour le plus grand nombre de nos préparations. Le benzoate de zinc, le benzoate d'aluminium, le benzoate de bismuth et le benzoate de calcium sont insolubles ; le liquide des cristallisoirs correspondant à ces différents sels est trouble ; le liquide des autres cristallisoirs est limpide.

Au bout de six semaines, les liquides de tous les cristallisoirs sont louches ; parmi ceux qui étaient déjà troubles par le fait du sel qu'ils tenaient en suspension, il y en avait dont le louche avait augmenté, dont la transparence était devenue plus grande par la chute du sel au fond du cristallisoir.

Dans les liquides dont le louche avait augmenté, les mucédinées s'étaient développées ; au contraire, dans les liquides dont la transparence avait augmenté, la végétation des mucédinées s'était quelquefois arrêtée, quelquefois elle était restée inerte.

Nous n'avons pas obtenu trace de végétation dans le zinc ; dans l'alumine et dans le bismuth sont apparus des rudiments de végétation aussitôt arrêtée.

Tous les milieux de culture, excepté le milieu zinc, alumine et bismuth, sont légèrement acides ; les milieux les plus acides sont les milieux calcium

et magnésium : le milieu calcium est plus acide
que le milieu magnésium ; tous les liquides acides
réduisent très nettement la liqueur de Fehling ; ils
dévient à droite la lumière polarisée ; ils sont dextrogyres. Au bout de trois mois les milieux de culture
ont conservé leurs mêmes propriétés qui sont plus
marquées dans quelques-uns que dans quelques
autres.

Il existe pour les mucédinées et pareillement
pour tous les végétaux et pour tous les animaux,
une température *optimum* qui favorise leur développement et produit le *maximum* utile de réactions
chimiques. Je ne me suis pas occupé de la température pour chaque lot de mucédinées en particulier,
au contact d'une minéralisation particulière ; j'ai
ajouté aux causes de *sélection par minéralisation,*
que je mets en lumière pour la première fois, l'influence des causes extérieures telles que la température ; nous pouvons ainsi réunir, dans un accord
commun d'observation, les lamarkiens qui considèrent les variations des espèces comme soumises à
l'influence exclusive des causes extérieures ; les
darwiniens qui considèrent les variations des espèces comme exclusivement dépendantes de l'individu, et, je n'ose pas le dire, les *gaubistes,* car c'est
une variété des plus rares dans la nature, qui pensent que les causes extérieures des lamarkiens sont

des agents puissants de la transformation des espèces, que la sélection des darwiniens a une influence considérable sur la transformation des espèces, mais que du petit au grand, la sélection, la transformation des espèces reconnaît principalement pour cause la *minéralisation des individus.*

Deux phénomènes chimiques d'ordre différent se sont accomplis dans le milieu de culture de nos mucédinées. De neutre qu'il était, le milieu de culture est devenu acide et il contient des sucres qui n'y existaient point ; il contient un sucre autre que le saccharose, qui dévie à droite les rayons de la lumière polarisée et que pour cette raison on a appelé *dextrose* ; nous avons constaté la présence du glucose dans les milieux de culture à l'aide du polarimètre ; les milieux de culture contiennent également ment un sucre que nous ne nous sommes pas attardé à isoler et qui dévie à gauche les rayons de la lumière polarisée et que pour cette raison on a appelé *lévulose* ; ce dernier sucre nous ne l'avons pas constaté au polarimètre, quoique le lévulose soit plus dispersif que le glucose, mais nous pouvons affirmer sa présence parce que, produit du dédoublement du saccharose, le glucose ne pourrait point exister dans nos liquides de culture sans le lévulose qui doit s'y rencontrer en poids égal avec le glucose, théoriquement tout au moins, car, en fait, le lévulose est plus rapidement détruit durant les actes vitaux que le glucose. Sous l'influence d'un enzyme, le saccharose se dédouble par parties égales en lévulose et en glucose.

Le saccharose :

$$C^{12}H^{12}O^{11} + H^2O = C^6H^{12}O^6 + C^6H^{12}O^6.$$

Quoique isomères, le groupement moléculaire de ces deux sucres est différent et leurs fonctions ne sont point pareilles ; l'ouverture de l'angle de rotation de ces sucres, lévulose et dextrose, change avec les circonstances, il augmente avec la concentration de leurs solutions, ils sont multi-rotateurs ; (Dubrunfaut, Tanret) ; aussi avons-nous trouvé de grandes différences dans le pouvoir rotatoire des liquides de culture de nos mucédinées selon que l'eau était devenue plus ou moins rare, soit par les prises antérieures pour essais, soit par l'évaporation ; cependant, à volume de liquide égal, le pouvoir rotatoire varie d'un liquide de culture à l'autre ; il semble que le pouvoir rotatoire suive le degré d'acidité ; nous n'avons, toutefois, aucune raison de croire que l'acide formé dans le milieu de culture ait agi sur le saccharose ; l'acide formé est un acide organique autre que l'acide benzoïque, résultant de la décomposition des benzoates par l'activité vitale des mucédinées ; l'acide organique et les sucres droit et gauche que nous trouvons dans les liquides de culture ont une même origine, l'activité vitale des sujets en expérience. L'interversion du saccharose s'est faite au moyen d'un ferment, d'un enzyme retiré par Berthelot de la levure de bière et appelé *invertine*; l'invertine est, comme tous les enzymes, une substance albuminoïde minéralisée, un ferment tel que je les ai définis, c'est-à-dire un *albuminate*; l'invertine est un ferment hydratant.

Tous nos liquides de culture, sauf ceux qui contiennent du zinc, du bismuth ou de l'aluminium, sont nécessairement pourvus de levures ou de sujets faisant fonctions de levure, c'est-à-dire sécrétant l'invertine ; la sécrétion de l'invertine, quelle que soit son origine, sera, sans doute, en rapport avec la minéralisation du milieu de culture.

D'où vient l'acidité de nos préparations et quelle est la nature de l'acide qui la produit ? L'apparition de l'acidité est contemporaine de l'apparition des corps réducteurs dans les liquides de culture.

Gayon a remarqué que certaines mucédinées, le *Sterigmatocystis nigra*, par exemple, consommaient peu de sucre et engendraient une acidité très accusée ; l'acide de nos milieux de culture ne proviendrait donc pas du sucre, s'il est vrai que la consommation du sucre n'est pas en rapport avec l'acidité engendrée.

L'acidité aurait-elle pour cause l'action de l'invertine, ou l'invertine elle-même ne ferait-elle pas fonction d'acide, en sa qualité d'albuminoïde ? L'invertine est un albuminate bi-basique ; elle n'est point la cause directe de l'acidité dans notre milieu de culture, car, lorsqu'elle est précipitée par l'alcool, le milieu de culture reste acide. Le plus abondant des acides formés, pendant la végétation des mucédinées, est l'acide malique. L'acidité des milieux de culture est, d'ailleurs, faite de plusieurs acides organiques dont le pivot est le carbone emprunté à l'hydrate de carbone, au saccharose.

Les mucédinées respirent comme les autres végétaux, mais elles n'ont point la fonction chlorophyllienne qui emprunte son énergie à la radiation solaire ; la fonction chlorophyllienne est une fonction de réduction et d'oxydation ; chez les mucédinées le rapport de $\frac{CO^2 \ \text{dégagé}}{O \ \text{absorbé}}$ démontre qu'il se fait en elles un travail actif d'oxydation qui remplace la fonction chlorophyllienne. Le magnésium est, chez les végétaux à chlorophylle, l'agent minéral de réduction, le corps réducteur que l'on rencontre, dans les *leucites* ; à défaut d'expérimentation directe la présence constante du magnésium dans la chlorophylle, le magnésium étant le minéral dominant des leucites, nous permet d'affirmer, connaissant le pouvoir réducteur, les propriétés réductrices du magnésium, que le magnésium est le métal chlorophyllien.

Les oxydations intimes qui remplacent le travail chlorophyllien ou plutôt qui empêchent le travail chlorophyllien chez les mucédinées, sont le résultat de l'activité d'une catégorie de ferments appelés oxydases. (Bourquelot). Vous trouverez, dans la deuxième série de mes leçons, l'explication du mécanisme des ferments oxydants.

Le premier acte appréciable de la vie des mucédinées, c'est le dédoublement du saccharose immédiatement suivi de l'apparition des acides organiques ; la mise en jeu d'un ferment oxydant, d'une oxydase, immédiatement après l'entrée en fonctions d'un ferment hydratant, d'une hydrastase.

On avait cru, jusqu'à présent, que les moisissures produisant des acides étaient rares ; les expériences que je poursuis tendent à démontrer le contraire.

Ce n'est point par vain plaisir que les mucédinées fabriquent des acides ; les acides sont pour elles un terme intermédiaire entre les aliments bruts et la transformation de ces mêmes aliments pour l'assimilation ; dans les conditions de notre expérience, les mucédinées utilisent leurs acides à mesure de leur formation, de sorte que l'acidité varie peu, pendant toute la durée du développement de nos mucédinées dans leur milieu de culture. En général, les mucédinées n'utilisent pas les acides qu'on leur fournit, témoin le sterigmatocystis nigra (Gayon), le penicillium luteum (Wehmer) ; mais le penicillium luteum absorbe une partie de l'acide citrique qu'il fabrique.

Lorsque les sels insolubles sont biodynamiques ou de souvenance héréditaire pour elles, les mucédinées les dissolvent facilement ; en effet, les parties terminales des filaments mycéliens sont douées d'un pouvoir dissolvant extraordinaire ; ce pouvoir dissolvant leur vient des acides qu'ils fabriquent à l'aide des ferments ou albuminates métalliques. D'où leur vient la matière albuminoïde à ces microscopiques filaments mycéliens ? Il n'en fut jamais dans leur milieu cultural artificiel. Serait-ce donc que les mycéliums fabriqueraient de toutes pièces, à l'aide de la matière minérale, la substance albuminoïde, la substance azotée, la matière organisée ? En effet, les mucédiums, et elles partagent cette prérogative avec tous les représentants du règne végétal, fabriquent la matière organisée de toutes pièces ; elles font directement la synthèse de la matière organisée en partant des éléments de constitution. L'ammoniaque de l'air ne me paraît pas être, dans le cas particulier, l'unique source d'azote, non plus que l'azote du sol ne me paraît être la source unique de l'azote chez les végétaux, en général ; la combinaison ou tout au moins l'absorption de l'azote par les métaux tels que le calcium, le magnésium, le lithium, les *azotures*, en un mot, semblent devoir participer à la fixation de l'azote par les végétaux ; ce n'est point le moment d'approfondir cette intéressante question.

Les mucédinées fabriquent non seulement de petites quantités de substance albuminoïde, mais elles fabriquent aussi de grandes quantités de cellulose qu'elles tirent du saccharose ; de la cellulose à l'albumine, la distance ne serait pas longue ; certains chimistes, en effet, considèrent la substance albuminoïde comme formée de cellulose et d'ammoniaque moins les éléments de l'eau, c'est-à-dire comme un *nitrile*.

La cellulose se rencontre, d'ailleurs, comme partie constituante des muscles des animaux qui se trouvent aux derniers degrés de l'échelle zoologique, les tuniciers et les acidies ; on l'appelle *tunicine* ; la tunicine a été étudiée par Berthelot. Ainsi, les mucédinées tirent du saccharose interverti, de l'eau et de l'air les éléments nécessaires à leur constitution, non pas tous les éléments, cependant, car si l'on ensemence une solution de saccharose, les mucédinées épuisent leurs réserves minérales propres et la petite quantité de matière minérale que retient le sucre raffiné, puis elles s'arrêtent dans leur développement. Je vous dirai ce que vaut la mucédinée déminéralisée, au point de vue de son développement, comparativement au développement des mucédinées placées dans un milieu minéralisé, biodynamique.

TROISIÈME LEÇON

Messieurs,

Nous avons trouvé dans le milieu de culture de nos mucédinées, de nos thallophytes, des acides et du sucre interverti, entre autres choses intéressantes. Les acides, je vous ai dit quels ils étaient ; le sucre interverti, je vous l'ai démontré, provient du saccharose introduit dans le milieu cultural.

Vous vous rappelez que nous avons introduit 2 gr. 125 de saccharose dans chaque milieu de culture ; ce saccharose a subi, en partie, tout au moins, le phénomène de l'inversion ; une partie est dévenue sucre droit et sucre gauche, sucre dextrogyre et sucre lévogyre, glucose et lévulose. Le pouvoir rotatoire du glucose est de 52°6 *à droite* ; le pouvoir rotatoire du lévulose est de 89°9 *à gauche* ; le mélange, à poids égaux, de lévulose et de glucose a donc un pouvoir rotatoire gauche, le pouvoir rotatoire du lévulose étant plus grand que celui du glucose. Le saccharose interverti réduit la liqueur de Fehling, car le lévulose et le glucose réduisent séparément la liqueur de Fehling, mais en des proportions différentes ; le saccharose ne réduit pas la liqueur de Fehling.

La puissance réductrice du glucose sur la liqueur de Fehling, est de 5 % plus grande que la puissance réductrice du sucre interverti, c'est-à-dire que 95 parties de glucose réduisent le même volume de liqueur de Fehling que 100 parties de sucre interverti. Lorsque l'on veut doser le saccharose on le transforme en sucre interverti et l'on procède au dosage au moyen de la liqueur de Fehling en tenant compte du pouvoir réducteur du sucre interverti tel que je viens de vous l'indiquer. Il va donc nous être facile de remonter du sucre interverti que nous savons exister dans nos liquides de culture à la quantité de saccharose utilisé par chaque lot de mucédinées dans chaque milieu particulier de culture.

Ainsi, le milieu cultural à base de calcium contient un poids de sucre interverti qui correspond à 0 gr. 7405 de saccharose ; le milieu de culture à base de magnésium contient un poids de

sucre interverti qui comprend à 1 gr. 893 de saccharose ; le milieu de culture à base de potassium
contient un poids de sucre interverti qui correspond à
2 gr. 118 de saccharose ; le milieu de culture à base
de sodium contient un poids de sucre interverti qui
correspond à 2 gr. 12 de saccharose ; le milieu de
culture à base de lithium contient un poids de sucre
interverti qui correspond à 1 gr. 683 de saccharose.

SACCHAROSE	MÉTAUX	SUCRE INTERVERTI EXPRIMÉ EN SACCHAROSE
2 gr. 125	Calcium.	0 gr. 7405
2 — 125	Magnésium.	1 — 893
2 — 125	Potassium.	2 — 118
2 — 125	Sodium.	2 — 120
2 — 125	Lithium.	1 — 683

Comment interpréter ces faits analytiques ? Un
facteur manque à la solution de notre problème ; en
effet, est-ce que les 0 gr. 74 de saccharose du liquide
cultural à base de calcium qui représentent le poids
du sucre interverti du liquide de culture, sont l'expression de ce qui reste, dans ce liquide, de la quantité entière du saccharose que nous avons introduit
dans la culture ; et, la différence, soit 1 gr. 38 de

saccharose, a-t-elle été utilisée par les mucédinées pour leur développement, pour leur fructification ; ou bien reste-t-il dans le liquide cultural une quantité déterminée, le facteur que nous cherchons, de saccharose qui n'a pas été touchée par l'invertine ? La majeure partie du sucre de canne a été dédoublée et utilisée ; tel est le résultat de l'analyse en ce qui touche le calcium ; la proposition changera de termes pour les autres liquides de culture.

Nous avons porté à l'ébullition, après filtration, une partie du liquide de culture à base de calcium, acidulée avec de l'acide sulfurique ; la liqueur ramenée à son volume primitif par une addition d'eau distillée n'a pas réduit, après neutralisation, un volume de liqueur de Fehling supérieur au volume réduit avant la transformation certaine du saccharose en sucre interverti par l'acide sulfurique dilué, si le saccharose s'était trouvé en son état naturel dans le liquide cultural. Tout le saccharose a donc été interverti et 1 gr. 38 de saccharose a servi par parties ou en totalité au développement ou à la fructification de la mucédinée.

La totalité du saccharose a été intervertie dans les cinq liquides de culture où ont poussé les mucédinées, mais il y a de grandes différences entre les quantités de saccharose interverti que semblent avoir utilisé les mucédinées.

Dans le liquide cultural à base de magnésium, la mucédinée a utilisé 0 gr. 332 de saccharose ; dans le liquide cultural à base de potassium, 0 gr.007 ; dans le liquide cultural à base de sodium, 0gr.005 ; dans le liquide cultural à base de lithium, 0 gr. 442, contre 1 gr. 38 dans le liquide cultural à base de calcium comme nous venons de le voir.

Dans le liquide cultural de la mucédinée témoin, c'est-à-dire exclusivement composé de saccharose et d'eau, le saccharose a été complètement interverti, mais le poids de saccharose que la mucédinée a utilisé est de quelques milligrammes à peine ; cependant la mucédinée a interverti le sucre de canne, elle s'est développée, relativement développée, mais enfin elle s'est développé dans ce milieu déminéralisé, ce qui ne veut pas dire complètement exempt de minéralisation d'aucune sorte.

Nous verrons, par la suite, à quel état d'organisation correspondent les quantités de saccharose utilisé ; au point de vue du rendement nous pouvons disposer les résultats de notre expérience de la manière suivante :

Rendement de la culture dans :

Calcium	100
Magnésium	90
Potassium	50
Lithium	45
Sodium	01

Mettons en regard de ce rendement le poids de saccharose utilisé par les mucédinées dans chaque milieu de culture ; nous aurons le tableau suivant :

MÉTAUX	SACCHAROSE UTILISÉ	RENDEMENT
Calcium................	1 gr. 38	100
Magnésium............	0 — 332	90
Potassium	0 — 007	50
Lithium................	0 — 442	45
Sodium................	0 — 005	01

Le rendement de la mucédinée n'est pas en rapport avec la quantité de saccharose consommé ; le magnésium produit avec 0 gr. 332 de saccharose une récolte deux fois plus grande que le lithium avec 0 gr. 442 ; le potassium donne avec 0 gr. 007 de saccharose un rendement cinquante fois plus grand que le sodium avec 0 gr. 005 de saccharose.

Les différences s'accentuent encore quand on compare entre elles les qualités du rendement. Les qualités physiques des mucédinées poussées en milieu calcique sont tout autres que les qualités physiques des mucédinées poussées en milieu magnésien et il en adviendra de même pour toutes les autres mucédinées qni pousseront dans des milieux de culture à métal variable.

Il ne me paraît pas superflu de vous rappeler quelques-uns des caractères distinctifs des métaux qui entrent dans la constitution de nos liquides de culture ; nous trouverons, sans doute, dans les propriétés respectives des métaux engagés dans la culture des mucédinées en expérience, l'explication des différences de rendement et des qualités physiques de ces mucédinées.

L'accroissement et la fructification relatifs de nos mucédinées n'ont pas pu être aidés, nous l'avons vu, par la radiation solaire, dans la condition ordinaire d'autres végétaux, puisqu'elles ne contiennent point de chlorophylle ; mais, nous avons vu également qu'elles possédaient une activité de nutrition puisant ailleurs que dans la radiation solaire son activité chimique puisque le rapport de CO^2 à O est changé ; l'excès d'oxygène dégagé peut être fourni par le dédoublement de la matière organique ; en ce cas les mucédinées emprunteraient directement au glucose et au lévulose (1) une partie de leur oxygène et ne puiseraient pas directement dans l'air

(1) L'hydrogénation du groupe cétonique du lévulose, en même temps qu'elle concourt à la formation d'acides organiques, peut fournir de l'oxygène à la mucédinée.

tout l'oxygène qui leur est nécessaire ; quoi qu'il en soit, il existe, chez nos mucédinées, des oxydations superposées aux oxydations de la respiration.

Vous connaissez le principe du travail *maximum* ; en vertu de ce principe il doit se former, en toutes circonstances, quand une énergie étrangère ne vient pas troubler la réaction, le corps ou système de corps qui dégage le plus de chaleur. Parmi les énergies étrangères qui pourraient nuire à la formation des corps les plus exothermiques, telles que la chaleur, l'électricité, la lumière, nous pouvons éliminer la lumière à cause de l'absence de chlorophylle chez les mucédinées.

Les corps inorganiques de nos liquides de culture peuvent se diviser, pour les besoins de notre démonstration, en corps solubles et en corps insolubles. Les corps solubles sont les sels à base de potassium, de sodium, de lithium et de magnésium ; les sels de calcium sont presque insolubles ; je parle des sels trouvés dans notre milieu cultural. Le sodium, le potassium et le lithium sont monovalents ; le calcium et le magnésium sont divalents. Ce qui revient à dire que le potassium, le sodium et le lithium peuvent facilement céder un des deux atomes d'oxygène en combinaison, qu'ils sont conséquemment des agents d'oxydation, tandis que l'oxygène reste plus solidement attaché au calcium et au magnésium ; cependant, il est bon d'ajouter que le calcium peut se surcharger d'oxygène, former un peroxyde dont une molécule d'oxygène se dégagera facilement ; c'est ainsi que le calcium peut devenir, au sein des organismes, un agent puissant d'oxydation, en dehors du manganèse et du fer.

Le calcium, le magnésium et le lithium, à des degrés différents et sous des influences déterminées, peuvent emmagasiner directement l'azote, se combiner avec l'azote pour former des *azotures* ; par ailleurs, l'azote de l'air, grâce aux éléments de fermentation qui pullulent chez les êtres organisés, se combine aux métaux ci-dessus et acquiert par cette combinaison une affinité plus intense qui lui permet d'entrer dans le groupe ternaire pour constituer la matière organisée. Ainsi, par leurs qualités mêmes, les éléments de minéralisation de nos liquides de culture fournissent de l'oxygène et de l'azote à nos mucédinées.

Le magnésium est un corps puissamment réducteur, se mariant très rapidement avec les éléments de constitution des corps organiques ; il est capable de réduire les corps inorganiques ou organiques dont la réductiou dégage plus de chaleur que n'en dégage la décomposition de l'eau.

L'activité chimique de la mucédinée peut donc

trouver son explication dans la qualité même du métal du liquide de culture ; en effet, si l'action chimique du métal n'imprimait pas au milieu organique une impulsion déterminée, il n'y aurait aucune raison pour que les mucédinées ne se soient pas développées également dans tous les liquides de culture ; pour que le sucre interverti n'ait pas été utilisé dans d'égales proportions. Il s'agit, dans l'espèce, d'une minéralisation unique pour chaque expérience, et dès le début, les réactions se sont faites directement entre les réserves minérales des mucédinées et le minéral ajouté au liquide de culture ; un élément de minéralisation unique est incapable de toute action vitale s'il reste isolé ; nous verrons dans l'exposé d'une deuxième série d'expériences combien la polyminéralisation des milieux augmente l'activité des phénomènes vitaux.

L'isolement de la mucédinée au contact d'une minéralisation unique, minéralisation douée de qualités différentes, va nous permettre d'assigner à chaque agent de minéralisation son importance, sa valeur biodynamique, car c'est bien réellement à la qualité intrinsèque de la minéralisation, qualité d'ordre physique et chimique, qu'appartiennent les réactions vitales que nous allons constater et non point à une propriété imaginaire des plastides vis-à-vis de telle ou telle substance, propriété que l'on a

appelée *chimiotaxie*, chimiotaxie positive ou néga-
tive.

La mucédinée était douée d'une chimiotaxie né-
gative pour le zinc, le bismuth et l'aluminium,
puisque les qualités de ces trois métaux n'ont pas
pu être mises à profit par elle ; nous trouverons,
sans doute, d'autres raisons plus positives à l'inertie
des mucédinées dans les milieux zinc, bismuth et
aluminium.

J'ai l'habitude de considérer les réactions chimiques, au sein des organismes, dans leurs résultats plus souvent que dans leurs moyens, et si je
cherche à mesurer la valeur du travail accompli
pendant les échanges des acides et des bases, fait
qui constitue, en définitive, tout le travail chimique
(l'hydrogénation et l'oxydation sont une des consé-
quences des échanges entre les bases et les acides),
je ne m'arrête pas ordinairement aux propriétés
intrinsèques que récupère le métal pendant les
échanges chimiques. Abstraction faite de toute
hypothèse, de toute théorie sur la constitution des
corps à l'état de solution, il est un moment, si petit
que l'on puisse le supposer dans la fonction du
temps, il est un moment où fatalement le métal se
trouve libre en passant d'une combinaison à une
autre ; cet instant de liberté n'est point inutile pour
le travail chimique qui s'accomplit dans un milieu

déterminé ; c'est pourquoi, il est bon de ne point perdre de vue les qualités des métaux que l'on rencontre en contact avec un milieu vivant. Nous avons vu que nos mucédinées sécrétaient des acides parmi lesquels nous avons distingué l'acide malique ; il est certain que les acides sécrétés par les mucédinées sont les agents de dissolution intense de la matière inorganique qu'elles mettent en œuvre pour leur développement. Or, les mucédinées mises en expérience, n'ont point poussé ni au contact du benzoate d'aluminium, ni au contact du benzoate de bismuth, ni au contact du benzoate de zinc. Quelles sont les propriétés de ces trois métaux, l'aluminium, le bismuth et le zinc? L'aluminium est un métal qui se défend de l'eau et des acides en se recouvrant rapidement d'une couche d'alumine et de gaz; en outre, le benzoate d'aluminium est insoluble, mais nous savons que l'insolubilité seule n'arrête pas l'activité des mycéliums sur les sels de minéralisation ; nous devons donc admettre ou que les acides sécrétés par les mucédinées ont été impuissants à déplacer l'acide benzoïque, ou bien que, pendant le déplacement de l'acide benzoïque les qualités du métal rendaient illusoire l'action dissolvante des mycéliums. Le bismuth résiste longuement aux acides, sauf à l'acide azotique, d'où l'impuissance de la mucédinée à attaquer le benzoate de bismuth insoluble. Le zinc, comme l'aluminium, se préserve de l'attaque des acides faibles en se recouvrant d'une couche d'hydrogène ; le benzoate de zinc est insoluble.

Le magnésium, à l'encontre des métaux précédents, se laisse attaquer par les acides faibles ; il décompose l'eau à leur contact ; plus susceptible encore, le calcium est rapidement attaqué par l'humidité ; quant au sodium et au potassium ils s'hydratent très facilement ; l'hydratation du sodium dégage 155 cal. ; l'hydratation du potassium dégage environ 164 cal.

Les qualités propres des métaux qui se trouvèrent en contact avec nos mucédinées me paraissent expliquer, d'une manière autrement précise que ne saurait le faire le mot *chimiotaxie*, pourquoi les mucédinées ont prospéré dans certains milieux de minéralisation et non point dans les autres.

Je vous ai donné, dans la leçon précédente, les termes de comparaison du rendement des mucédinées en expérience, selon le milieu de minéralisation dans lequel elles ont poussé ; nous allons voir à quel poids de métal en combinaison, combinaison détruite par l'activité vitale des mucédinées, à quel poids de métal correspondent les sels de minéralisation. Les benzoates de chaux et de magnésie contiennent quatre molécules d'eau : les benzoates de sodium et de potassium en contiennent une molécule seulement.

Benzoate de calcium	(0 gr. 05)	0 gr. 008	de métal
— de magnésium	—	0 — 005125	—
— de sodium	—	0 — 0114	—
— de potassium	—	0 — 0165	—
— de lithium	—	0 — 0161	—

Le lithium se rapproche beaucoup du magnésium mais il ne possède aucunement ses qualités biodynamiques.

On peut admettre que la plupart des mucédinées sont des ferments doués d'une grande activité; elles se prêtent facilement à l'étude des phénomènes intimes de la vie, aussi l'histoire physiologique des mucédinées est-elle des plus intéressantes.

Au contact du calcium, la mucédinée a pris un grand développement par rapport au développement atteint dans les autres milieux de minéralisation; lorsque je parle d'un grand développement dans le milieu calcique, je ne veux pas dire que ce développement soit réellement considérable, mais il est considérable si nous le comparons au développement atteint dans les autres milieux de culture; il faut remarquer que nous avons ramené notre mucédinée de plusieurs milliers de siècles en arrière; nous l'avons mise aux prises, presque tout

comme au moment où elle différenciait son protoplasme, nous l'avons mise aux prises avec un
métal unique, avec une minéralisation unique d'où
elle ne pouvait tirer qu'une qualité unique, n'eussent été ses réserves de minéralisation acquise.

L'aptitude, l'usage, l'hérédité, les modifications
à l'âge correspondant des ascendants, tout était
bouleversé ; il a fallu que la mucédinée, habituée à
la polyminéralisation qui fait la perfection de la
vie, luttât avec un seul élément de minéralisation
pour vivre et pour se reproduire ; voilà la cause
puissante de la sélection naturelle : la minéralisation. La mucédinée avait à sa disposition tous les
aliments nécessaires ; elle avait le milieu ambiant
aussi favorable et aussi abondant que possible ; elle
avait l'hydrate de carbone, elle avait l'eau, elle
avait l'air ; elle avait les radiations solaires si elles
avaient pu lui être utiles ; il ne manquait à notre
mucédinée qu'un des éléments de sa constitution,
de son développement, l'élément de la polyminéralisation, la minéralisation. Aussi, que va-t-il se
passer ? La mucédinée se développera dans l'un de
ses éléments de constitution, principalement en
rapport avec les qualités de la minéralisation qu'elle
n'a point rencontrée mais qu'on lui a offerte.

Combien le développement de notre mucédinée
que je vais vous montrer portant l'unique empreinte,

de l'unique minéralisation dont elle dispose, va vous permettre d'entrevoir les ravages de la déminéralisation chez les êtres vivants ! Vous pourrez juger des troubles apportés par le manque des éléments de minéralisation dans un milieu vivant compliqué lorsque vous verrez les aptitudes de ce milieu se développer exclusivement avec l'élément de minéralisation dominant qui reste à sa disposition et selon les qualités propres de cet élément de minéralisation, au détriment des autres éléments de constitution dont la minéralisation est absente ; vous comprendrez combien est lente parfois à se produire la restitution minérale chez certains individus dont les plastides sont devenues insensibles, par perte de souvenance, par défaut d'usage prolongé ou par hérédité, à la minéralisation qui leur est propre ; c'est encore de sélection qu'il s'agit et de variation possible des espèces par défaut ou par substitution de minéralisation.

La mucédinée qui a poussé au contact du calcium est celle qui a utilisé la plus grande quantité de saccharose, nous le savons ; en regard de cette consommation de saccharose, nous trouvons, comme vous pouvez en juger, un mycélium de grand diamètre, volumineux, abondant ; mais les spores sont petites et rares ; le calcium a fait de la cellulose, de la matière azotée, de la cellulose en abondance ; il a fait peu de spores et celles qu'il a faites sont allongées et difformes. Le calcium est le métal de la spécificité de construction de notre mucédinée, et j'ajouterai, le métal de la spécificité de construction de tous les êtres vivants en général. Ne demandez à chacun des éléments de minéralisation d'un être que ce qu'il peut donner ; ne demandez pas au calcium seul une sporulation active ; il ne saurait point vous la donner ; mais il fixera les éléments organiques qui font la charpente de l'édifice ; il fixera la matière organique et aussi la matière organisée par l'azote qu'il retient.

La quantité de calcium employée dans notre expérience est de 0 gr. 008 milligrammes ; avec ces huit milligrammes de calcium, la mucédinée a détruit et utilisé en partie, je ne dis pas a interverti seulement, puisque tout le saccharose du liquide de culture a été interverti, je dis a détruit complètement et utilisé en partie 1 gr. 38 de saccharose avec lesquels elle a fait de la cellulose, des acides, avec lesquels elle a fixé de la matière azotée ; c'est-à-dire que huit milligrammes de calcium ont permis à la mucédinée de travailler à son profit un poids de saccharose *cent soixante-douze fois plus grand* que le poids du métal ; ceci vous démontre pourquoi et comment il n'est point nécessaire que le poids des éléments de minéralisation soit élevé au sein des organismes.

L'évaporation du liquide de culture à base de calcium, toutes autres circonstances étant égales, a toujours été plus active que l'évaporation des autres liquides ; peut-être le travail chimique, le travail physiologique ont-ils utilisé aussi une plus grande quantité d'eau dans le milieu de culture à base de calcium que dans les autres milieux de culture.

QUATRIÈME LEÇON

DE LA SPÉCIFICITÉ DE MINÉRALISATION

Messieurs,

Le mycélium de la mucédinée qui s'est développée au contact du magnésium est grêle, court, peu abondant, mais, vous le voyez, les spores sont innombrables, volumineuses, sphériques ; le poids du saccharose utilisé par la mucédinée au contact du magnésium est faible : 0 gr. 332 milligrammes ; cependant le rendement est élevé puisqu'il n'est inférieur que de 10 % au rendement du calcium ; oui, mais nous n'avons presque pas de mycélium, presque pas de cellulose. La cellulose, les celluloses, car il en existe plusieurs dont la formule générale est $(C^6 H^{10} O^5)^n$ (n indique que le nombre des molécules dont les celluloses sont formées est encore inconnu), proviennent des glucoses ; en effet, pendant la germination, l'apparition de la cellulose

est contemporaine de la consommation des glucoses
et elle augmente à mesure que se consomment les
glucoses. Nos expériences concordant avec ce que
l'on savait déjà du rapport de la cellulose et du glucose ne sont point vaines ; à une grande consommation de glucose au contact du *calcium* correspond
une grande production de celluloses, et, à une petite consommation de glucose au contact du *magnésium* correspond une faible production de celluloses.
Autre métal, autre minéralisation, autre élément
cellulaire de l'être excité ; avec le calcium nous
avons obtenu une grande puissance de végétation,
végétation presque stérile ; avec le magnésium, la
poussée de végétation est médiocre, mais les
moyens de reproduction, les agents de la reproduction sont parfaits et deviennent légion. Je vous le
demande, ne sont-ce pas là des exemples bien nets,
bien typiques de la *spécificité de minéralisation ?*
Que ne pourrez-vous faire, alors, en associant l'élément minéralisateur de construction, de végétation, à l'élément minéralisateur de reproduction,
en associant en des proportions convenables le calcium et le magnésium !

Le magnésium est donc l'élément de spécificité
de la minéralisation de la reproduction, tandis que
le calcium est l'élément de spécificité de la minéralisation de la végétation, de la construction.

Nous pouvons penser que les 0 gr. 332 milligrammes de saccharose employés ont servi au faible développement du mycélium de la mucédinée dans le milieu de culture à base de magnésium et aussi à la confection des enveloppes des spores ; la quantite de cellulose qui enveloppe les spores est fort légère et malgré le grand nombre des spores formées, la quantité de cellulose utilisée de ce chef a pu être prise au sucre interverti représentant les 0 gr. 33 de saccharose. Le magnésium a pu former les composés organiques phosphorés qui entrent dans la constitution de toutes les cellules de la reproduction, chez tous les êtres vivants, aux dépens des éléments antérieurement constituants de la mucédinée. Tout le travail de reproduction et de développement s'est opéré dans le milieu de culture à base de magnésium avec 0 gr. 005 milligrammes de métal.

Le sodium a utilisé cinq milligrammes de saccharose ; le rendement de la mucédinée a été insignifiant ; le sodium, d'ailleurs, est rare dans la minéralisation des végétaux.

Le potassium a utilisé, aussi, fort peu de saccharose : sept milligrammes ; le rendement de la mucédinée est cependant égal à la moitié du rendement de la mucédinée au contact du calcium, rendement que nous pouvons considérer comme un *maximum*.

Le mycélium poussé dans le liquide cultural à base de potassium est grêle, relativement rare ; il nous a paru quatre fois plus petit que le mycélium poussé dans le calcium ; quant aux spores, elles sont rares et déformées ; le mycélium n'a pas la même structure que le mycélium de la même mucédinée poussée au contact du calcium ou du magnésium ; lorsque l'on étudie la réfringence du mycélium, en rapprochant ou en éloignant l'objectif du microscope, de la préparation, le mycélium paraît constitué par des mailles composées de stries parallèles dans le sens de l'axe longitudinal des filaments mycéliens ; il semble qu'une partie des éléments de constitution du mycélium a subi un commencement de dissolution. Si le rendement du mycélium est néanmoins assez élevé, cela provient de l'action réciproque du potassium et des autres métaux que contenait la mucédinée au moment de son ensemencement ; il ne faut pas oublier que le potassium est l'élément minéral dominant des liquides chez les végétaux ; le potassium est le régulateur de l'acidité du milieu végétal ; je pense que le mycélium que nous avons trouvé dans le liquide de culture à base de potassium est le résultat du déplacement des sels terreux de la mucédinée, ce qui lui a permis de se développer, de vivre, de mal vivre, mais de vivre jusqu'au moment où tous les sels terreux étant déplacés, le potassium a adultéré le milieu vivant en vertu des propriétés intrinsèques que nous lui avons reconnues plus haut, même à la dose minime de 0 gr. 0165, cent soixante-cinq dixièmes de milligramme.

Le lithium a usé 0 gr. 442 milligrammes de saccharose ; après le calcium, c'est le lithium qui a usé le plus de saccharose parmi les métaux que nous avons expérimentés ; le rendement en mucédinée est cependant plus faible au contact du lithium qu'au contact des autres métaux que nous venons de passer en revue, excepté le sodium. Dans le liquide à base de lithium, le mycélium paraît assez abondant, mais il est grêle, léger, flottant ; sans accuser les mailles qui apparaissent dans le mycélium au contact du potassium, les filaments mycéliens présentent, par endroits, des renflements plus ou moins accentués, véritables anomalies de construction ; les spores sont assez nombreuses, oviformes, moins altérées que dans les liquides de culture à base de potassium.

Le lithium est un métal alcalin qui présente cette singulière particularité d'avoir des sels analogues aux sels de magnésium, mais, je vous le répète, il n'y a point d'isomérie d'action en minéralogie biologique ; les parentés les plus resserrées entre métaux ne vont jamais jusqu'à la confusion d'action, et, s'il est vrai que le lithium favorise, dans une certaine mesure, le développement de la mucédinée probablement en sa double qualité de métal alcalin et de métal possédant des sels analogues aux sels d'un métal alcalino-terreux, on ne peut point lui attribuer une spécificité de minéralisation, car nous ne l'avons pas vu exciter tout particulièrement un élément cellulaire chez notre mucédinée.

Comme conséquence des développements que j'ai donnés sur la nature et sur le résultat de mes expériences, je me crois autorisé à dire qu'il existe des spécificités de minéralisation propres aux diverses manifestations de la vie, spécificités telles que je les ai définies dans le courant de la première leçon de cette année. Il ne peut pas en être différemment ; la matière organique est changeante et variable tandis que la matière minérale est fixe. Lorsque nous rencontrons dans toute la série des êtres vivants un élément de minéralisation, toujours le même pour la même fonction, nous pouvons dire que cet élément de minéralisation, quelle que soit la forme que revête la matière organique qui l'entoure, entraînera toujours la matière organique vers le même but ; et, alors, la matière organique devient la tributaire de la spécificité de minéralisation d'abord, des réactions de la polyminéralisation ensuite.

Les spécificités de minéralisation ne sont point les spécificités de l'espèce telle que l'ont comprise les naturalistes, telle que l'a comprise Darwin lui-même ; les spécificités de minéralisation sont principalement des spécificités de continuité, de conservation de la vie ; et, à un moment de la vie embryonnaire, ces spécificités dominent tellement que la forme de la vie est confondue ; qu'en présence d'un embryon nous pouvons nous demander comme notre grand fabuliste en présence d'un marbre informe : sera-t-il Dieu, table ou cuvette ; cet embryon sera-t-il mouton, cheval ou homme ?

A ce moment précis où la vie semble confondue en une forme unique, commence, sous l'influence de l'hérédité à l'âge correspondant, la participation à la vie de nouveaux éléments de minéralisation ; du rapport de ces éléments de minéralisation entre eux et aussi du rapport de ces éléments de minéralisation entre eux et les spécificités proprement dites de minéralisation, naissent la différenciation des espèces ou variations; c'est dans l'intervention de la matière minérale que se trouve le nœud de la sélection. En dehors de l'influence des milieux cosmiques, la sélection se fait par la minéralisation.

II

Nous venons de constater ce que pouvait donner la minéralisation unique ; nous venons de démontrer la spécificité de minéralisation en mettant un être vivant en présence d'un élément de minéralisation déterminé. Nous avons surpris la matière organisée se sélectionnant au contact de la matière minérale, c'est-à-dire variant ses formes et nous pouvons ajouter ses aptitudes conséquemment. Je vous ai fait entrevoir, par la simple puissance du raisonnement, que les éléments constituants d'un sel se trouvaient fatalement libérés à un moment des réactions chimiques et que nous devions tenir compte des propriétés intrinsèques des composants salins parce qu'elles s'exerçaient, ne fût-ce que pendant un temps, pendant une fraction de temps aussi petite qu'on la suppose, sur les milieux ambiants. L'état des éléments constituants des sels momentanément libérés par les échanges chimiques est un des modes de la dissociation telle que l'a comprise Arrhenius en considérant les *ions* des électrolytes comme libres, comme en état de dissociation dans les solutions aqueuses ; cette dissociation explique la puissance de la pression osmotique,

4.

la grande activité de la matière minérale sous un petit volume. Je vous ai rappelé les qualités électriques opposées des éléments de constitution de la minéralisation proprement dite et des éléments de constitution de la matière organisée ; je vous ai rappelé les propriétés les plus saillantes des métaux qui entrent le plus ordinairement dans la minéralisation des êtres vivants afin que vous puissiez vous rendre compte des phénomènes de vie au contact d'une minéralisation déterminée. Il ne faut pas tirer argument de ce fait que les corps organiques ne sont pas des électrolytes, contre la fixité de la matière minérale ; tout au contraire, le retour constant des éléments de minéralisation à l'état de *ions* pendant la stabilité relative des composés organiques ou organisés assure aux premiers sur les seconds une grande puissance de modification par l'action du *choc*.

Veuillez ne pas oublier que toutes les connaissances acquises dans les branches diverses de la science sont applicables à la vie des êtres ; les êtres vivants sont fort complexes et le calcul ou même la simple constatation des forces physiques ou chimiques que nous sommes habitués à voir nues, pour ainsi parler, dans nos laboratoires, deviennent abstraits dans le milieu vivant à cause des actions et des réactions infinies qui se heurtent sans cesse.

Quelques esprits pensent encore aujourd'hui que la vie est faite de forces d'une nature différente des autres forces qui pèsent sur la matière en général ; on appelle dédaigneusement *chimiâtres* les médecins qui regardent la vie comme une association de forces pareilles à la cohésion, à l'affinité, à l'attraction, etc. ; laissons dire et cherchons à ramener toujours aux lois qui gouvernent la matière, les phénomènes vitaux, sans nous égarer dans le dédale des causes qui peuvent être intéressées à la vie ; considérons les êtres vivants dans leurs modalités, sans nous préoccuper ni de leur principe ni de leur finalité ; c'est du positivisme cela ; je vous l'accorde, mais je n'en fais pas école. Quand une molécule de chlorure de sodium dissociée a acquis, par le fait de la dissociation, une force d'expansion, de mouvement de plusieurs atmosphères et vient appuyer sur la matière organisée, j'ai bien le droit de comparer à ce que l'on appelle en mécanique le *choc*, l'action de la pression des *ions* du chlore et du sodium sur la matière organisée, sur les liquides du sang, des humeurs, par exemple.

La mucédinée qui nous a servi pour nos expériences contenait certains éléments de minéralisation ; c'est grâce à cette minéralisation préexistante que la mucédinée a pu vivre et prospérer dans un certain nombre de nos liquides de culture. Je n'ai pas pu, je n'avais point cette orgueilleuse et folle prétention, vous montrer la matière organique, la matière organisée naissante et vivant sous une forme que nous n'avons pas connue, au contact d'une minéralisation unique d'où elle serait née ; j'ai voulu vous montrer, je crois y avoir réussi, un être vivant, par conséquent déjà minéralisé, en contact avec une minéralisation d'où il sera obligé de tirer son existence ou de succomber ; en cas de vie dans ces conditions particulières, cet être vivant se développera non point dans la forme qui lui est propre, mais principalement dans un de ses éléments, en rapport avec les qualités propres du métal, de la minéralisation que nous lui avons donnée ; nous avons pu affirmer, à la suite de cette expérience, que la minéralisation était le plus puissant facteur de la *sélection naturelle* ; que la sélection naturelle se faisait principalement par la *minéralisation*. J'ai appelé *spécificité de minéralisation*, l'élément de minéralisation qui imprimait ainsi son caractère sur l'être vivant, sur l'un des éléments de constitution de cet être vivant.

III

De la minéralisation unique nous allons passer à la *polyminéralisation* de nos mucédinées ; au lieu de fournir un seul élément de minéralisation, nous leur fournirons plusieurs éléments de minéralisation avec ou sans azote.

Nous ensemençons quatre cristallisoirs, contenant un des liquides stérilisés suivants, d'un lot de mucédinées.

Cristallisoir n° 1.

Saccharose......................	2 gr. 00
Phosphate de potasse...........	0 — 08
Carbonate de soude	0 — 14
Phosphate acide de chaux......	0 — 97
Phosphate d'ammoniaque......	0 — 50
Sulfate de magnésie...........	0 — 24
Eau distillée...................	300 — 00

Cristallisoir n° 2.

Saccharose....................	2 gr. 00
Phosphate de potasse..........	0 — 08
Carbonate de soude	0 — 14
Phosphate acide de chaux......	0 — 97
Phosphate d'ammoniaque.......	0 — 50
Sulfate de magnésie...........	0 — 24
Benzoate de lithnie...........	0 — 15
Eau distillée	300 — 00

Cristallisoir n° 3.

Saccharose...................	2 gr. 00
Phosphate de potasse...........	0 — 08
Carbonate de soude............	0 — 14
Phosphate acide de chaux......	0 — 97
Phosphate d'ammoniaque......	0 — 00
Sulfate de magnésie...........	0 — 24
Eau distillée.................	300 — 00

Cristallisoir n° 4.

Saccharose...................	2 gr. 00
Sulfate de zinc	0 — 02
Phosphate de potasse..........	0 — 08
Carbonate de soude............	0 — 14
Phosphate acide de chaux......	0 — 97
Phosphate d'ammoniaque......	0 — 50
Sulfate de magnésie	0 — 24
Eau distillée	300 — 00

Ces quatre liquides de culture ont une minéralisation commune, des éléments de minéralisation différents et enfin un poids égal d'hydrate de carbone et d'eau.

Le liquide n° 3 se distingue des autres par l'absence de phosphate ammoniacal ; le liquide de culture n° 1 contient les mêmes éléments de minéralisation que le liquide n° 3, mais il contient, en outre, de l'azote sous la forme de phosphate d'ammoniaque ; le liquide de culture n° 2 contient les mêmes éléments de minéralisation que le liquide n° 1, mais nous y avons ajouté de la lithine ; le liquide n° 4 contient les mêmes éléments de minéralisation que le liquide n° 1, mais la présence du sulfate de zinc le différencie de tous les autres liquides de culture.

Cette deuxième série d'expériences a été préparée tout comme celles de la première série : les cristallisoirs ont été mis à l'abri des poussières du laboratoire à l'aide d'entonnoirs de verre renversés dont la douille était fermée par un tampon d'ouate et il n'a pu pousser dans les liquides de culture que ce que nous y avons semé.

La récolte a été faite dans les différents milieux de culture quatre-vingt-douze jours après l'ensemencement.

Récolte séchée à $+ 60°$ C.

Liquide n° 1............	0 gr.	045
— n° 2............	—	130
— n° 3............	—	062
— n° 4..........	—	200

Le liquide de culture n° 1 qui contient tous les éléments de minéralisation, sauf les spécialités de minéralisation que nous avons ajoutées au n° 2 et au n° 4, qui contient un sel capable de fournir de l'azote, nous servira de point de comparaison avec les autres liquides de culture, et à cause de sa minéralisation et parce que, dans notre esprit, ce liquide de culture type devait nous fournir la récolte la plus abondante ; vous avez déjà vu quelle était mon erreur. Cependant le liquide de culture n° 1 possède tous les éléments de vitalité jusqu'ici les plus réputés parmi ceux qui favorisent la vie des végétaux et aussi des animaux : hydrate de carbone, azote, potasse, chaux, magnésie, soude, phosphore ; or, le liquide de culture n° 1 est celui qui, dans l'unité de temps, a fourni la moindre récolte.

Serait-ce donc que dans les milieux théoriquement le mieux appropriés à la culture d'un être, cet être serait sensible à l'absence de spécificités de minéralisation dont le nombre augmenterait avec la mise en jeu d'un plus grand nombre d'éléments cellulaires, même chez un être d'une complexité relativement restreinte, comme la mucédinée ?

Cela ne paraît pas douteux si nous consultons le taux de la récolte des milieux de culture n°s 2 et 4 comparativement au taux de la récolte des n°s 1 et 3.... *numero deus impare gaudet...* mais j'ai passé l'âge où l'on croit à la fatalité des nombres et j'ai quelque vague idée que Jupiter n'est point venu nuitamment tremper son tonnerre dans mes liquides de culture ; cherchons ailleurs que du côté du Ciel le petit rendement de nos cristallisoirs n° 1 et n° 3, puisque les heureuses mucédinées qui les habitaient n'eurent pas à souffrir plus que leurs sœurs des cristallisoirs n° 2 et n° 4, de la fâcheuse influence des météores de notre atmosphère.

Serait-ce que, démonstration péremptoire de la sélection naturelle par la minéralisation, certaines mucédinées comprises dans le lot ensemencé se seraient développées au détriment des autres, au contact d'une minéralisation plus biodynamique, ce qui nous ramènerait encore, en dernière analyse, à la spécificité de minéralisation ?

Que se passa-t-il dans les liquides de culture au début de la végétation des mucédinées ? Neuf jours après l'ensemencement, l'acidité des milieux de culture allait du n° 1 au n° 3 en passant par les n° 4 et 2 ; ce qui veut dire que l'acidité montait, par ordre croissant, du n° 3 au n° 2, du n° 2 au n° 4, pour atteindre son *maximum* au n° 1.

A la même époque, le n° 2 avait interverti tout son sucre de canne ; il restait 0 gr. 345 milligr. de saccharose dans le cristallisoir n° 3 ; 0 gr. 422 milligr. dans le cristallisoir n° 1 et 1 gr. 014 dans le cristallisoir n° 4.

Ainsi, neuf jours après l'ensemencement des mucédinées, on pouvait classer les milieux de culture au point de vue de leur acidité et de leur teneur en saccharose selon le tableau suivant :

CRISTALLISOIRS	ACIDITÉ	RICHESSE EN SACCHAROSE
N° 1	10	0 gr. 422
N° 2	5	0 — 000
N° 3	3	0 — 345
N° 4	7	1 — 814

Il n'existe aucun rapport entre l'acidité du milieu de culture et le poids du sucre interverti, soit le poids du saccharose non dédoublé ; nous fîmes la même constatation dans notre première série d'expériences. Le même fait se renouvelant deux fois nettement dans des milieux de minéralisation différente, possédant la même quantité d'hydrate de carbone, doit procéder de la même cause ; c'est ce que nous allons rechercher.

Les mucédinées fabriquent leurs acides dont elles se nourrissent selon leurs aptitudes, aux dépens du glucose, sans doute ; il peut se faire, cependant, que les mucédinées ne fabriquent pas leurs acides à l'aide du glucose directement ; en effet, le saccharose n'est pas toujours transformé en glucose et en lévulose par les agents figurés capables de le dédoubler ; Durin (voir Denaeyer, *Les Champignons inférieurs*), a obtenu, sous l'influence d'un champignon, le dédoublement du saccharose en lévulose et en cellulose. On sait, d'ailleurs, que le dextrose seul se transforme en cellulose par déshydratation, c'est-à-dire que $(C^6H^{12}O^6)n$ = glucose, devient $(C^6H^{10}O^5)n - (H^2O)n$ = cellulose. Ces aptitudes différentes des deux parties constituant la molécule du saccharose s'expliquent, peut être, par les qualités propres de chacune des parties constituantes ; le glucose possède, entre autres, une fonction mono-aldéhydique tandis que le lévulose possède, entre autres, une fonction mono-acétonique.

Les acides fabriqués par les mucédinées sont, généralement, le produit de l'oxydation du glucose par la fixation d'oxygène et dégagement d'eau et d'acide carbonique ; le plus curieux exemple que nous en possédions est celui dont je vous ai parlé dans une leçon précédente, soit la transformation du glucose(1) en *acide citrique* par le *penicillium luteum* en vertu de l'équation suivante :

$$C^6H^{12}O^6 + 3O = 2H^2O + C^6H^8O^7 = \text{acide citrique.}$$

Nous avons rencontré l'acide malique parmi les

(1) Voir la note de la page 46.

acides formés par nos mucédinées au sein des liquides de culture de notre première série d'expériences ; nous pouvons considérer l'acide malique comme une transformation du glucose par les ferments oxydants ; la quantité d'oxygène fixé sera, dans ce cas, le double de la quantité d'oxygène fixé pour la transformation du glucose en acide citrique :

$$C^6H^{12}O^6 + O^6 = C^4H^6O^5 = \text{acide malique} + 2CO^2 + 3H^2O.$$

Les acides que l'on rencontre dans les liquides de culture des mucédinées provenant du glucose, il nous reste à rechercher pourquoi nous constatons une si grande divergence entre l'acidité des milieux de culture et l'intensité de l'interversion du saccharose.

CINQUIÈME LEÇON

Messieurs,

La culture n° 4 a une acidité égale à 7 pendant que l'acidité la plus élevée est égale à 10 ; la mucédinée n'a converti en sucre interverti, dans cette culture, que 0 gr. 986 de saccharose sur 2 grammes ; dans la culture n° 2 dont l'acidité est égale à 5, la mucédinée a interverti tout le saccharose, soit 2 grammes.

La nutrition de la mucédinée cultivée dans le cristallisoir n° 4 est donc bien différente de la nutrition de la mucédinée cultivée dans le cristallisoir n° 2. Le liquide de culture n° 2 contient, ajouté aux autres éléments de minéralisation, du benzoate de lithium ; le liquide de culture n° 4 contient du sulfate de zinc. Sous l'influence du lithium la mucédinée a rapidement dédoublé tout le saccharose disponible ; elle s'en prend, dès les premiers jours, à l'acide qu'elle a tiré du glucose. Le zinc semble retarder l'activité de la mucédinée, car non seulement l'acidité demeure élevée dans le milieu de culture n° 4, mais encore la quantité de sucre interverti est fort minime ; les deux liquides de culture étant placés dans des conditions identiques, les mucédinées provenant d'une commune origine, force nous est bien de penser à la minéralisation particulière des liquides de culture.

L'acidité de la culture n° 1 est la plus élevée ; elle égale 10 sur notre échelle de comparaison ; le nombre 10, comme les autres nombres exprimant l'acidité, est un nombre fictif et non point un nombre concret exprimant exactement le poids, la mesure de l'acidité ; l'acidité de la culture n° 1 est donc hypothétiquement égale à 10 ; le poids du saccharose transformé en sucre interverti, dans la culture n° 1 est de 1 gr. 578 ; il a été convenu, tout à l'heure, que nous considérions le liquide n° 1 comme le liquide de culture type de la deuxième série de nos expériences ; le liquide n° 1 contient de l'azote sous la forme de phosphate d'ammoniaque.

Le liquide de culture n° 3 a une acidité égale à 3 et contient encore 0 gr. 345 de saccharose, c'est-à-dire que 1 gr. 655 de saccharose ont été convertis en sucre interverti par la mucédinée dans le liquide de culture n° 3. Le liquide de culture n° 3 se distingue des autres liquides de culture, en ce point, qu'il ne renferme pas d'azote sous la forme d'un sel ammoniacal ; le liquide de culture n° 3 est un liquide dont la minéralisation est complexe ; c'est un liquide polyminéralisé et il ne peut se comparer aux liquides de culture monominéralisés de la première série d'expériences. Fait remarquable, dans ce liquide de culture n° 3, privé d'azote ammoniacal, l'acidité y est plus faible que dans les autres liquides de culture, et, après le milieu de culture n° 2, le milieu de culture n° 3 est le milieu qui, dans le même laps de temps, a interverti le plus grand poids de saccharose ; l'invertine fut plus abondante, peut-être, mais elle fut, en tous cas, plus active dans le liquide de culture n° 3 que dans les liquides n° 1 et n° 4.

Peut-on supposer que les réactions des autres sels de minéralisation au contact du sel ammoniacal ont mis de l'ammoniaque en liberté ? Cette ammoniaque aurait agi sur l'invertine des milieux de culture n°s 1, 2 et 4, car, vous le savez, l'ammoniaque agit sur les enzymes dont elle arrête l'activité. L'action de l'ammoniaque et d'autres agents chimiques sur les enzymes restait mystérieuse et l'est encore aujourd'hui pour ceux qui ne comprennent point les ferments comme nous ; pour nous qui considérons tous les enzymes comme constitués par de la matière minérale, par un oxyde métallique, par un métal combiné avec de la matière protéique, comme un albuminate simple ou multiple, nous comprenons à merveille qu'une base puissante telle que l'ammoniaque, la potasse, etc., que les acides puissants arrêtent l'activité des enzymes en les décomposant, en précipitant, en déplaçant tantôt séparément, tantôt simultanément leurs éléments de minéralisation, en altérant la matière protéique constituante.

Les enzymes constitués par de la matière minérale et de la matière protéique marquent une époque déjà avancée dans le développement de la vie, indiquent un perfectionnement dans le développement de la vie. La matière brute seule, sans matière protéique, comme le démontrent les expériences de Bredig, d'autres savants, les miennes, jouit, dans certaines conditions, de la puissance des enzymes perfectionnés ; je vous ai cité des exemples de cette puissance dans le cours de ces leçons. Je vous ai montré, d'ailleurs, que le protoplasme universel était un enzyme invariablement composé de chaux, de magnésie et de matière protéique ; que la différenciation des espèces était le résultat de l'aptitude du protoplasme à la minéralisation et du rapport des éléments de cette minéralisation entre eux. Je ne reviendrai pas sur ce sujet ; il est permis de croire que la matière brute, plus fixe, s'empara, par ses qualités propres, au milieu d'influences extérieures favorables, des corps plus mobiles qui composent la matière organique : l'enzyme tel que nous le connaissons était créé et il fut ainsi et il est encore aujourd'hui le trait d'union entre la matière brute et la matière vivante ; la vie commença par un ferment dit inanimé et se continue par les ferments dits inanimés.

Peut-on admettre que l'ammoniaque dégagée ou simplement déplacée aurait agi avec les autres bases sur l'invertine des milieux de culture n°s 1, 2 et 4 et arrêté son activité ? Non, l'ammoniaque n'a pas agi sur l'invertine. En effet, le liquide de culture n° 2 qui a transformé tout le saccharose, qui a consommé une partie de son acidité, contient la même proportion d'ammoniaque que les liquides de culture n°s 1 et 4 ; l'ammoniaque ne semble pas avoir joué un rôle prépondérant, jusqu'à ce moment, dans les transformations des milieux de culture. Cependant, l'ammoniaque, c'est l'azote que nous offrons à nos mucédinées, l'azote qu'elles peuvent prendre sans effort, l'azote sur lequel reposait jusqu'ici tout l'édifice des sciences physiologiques, touchant la nutrition.

Est-ce que l'azote serait moins indispensable que

le minéral à l'évolution des êtres vivants ? Le liquide de culture n° 3 semblerait l'indiquer et la minéralisation ajoutée au liquide de culture n° 2 cor-robore, sous ce rapport, les indications fournies par le liquide de culture n° 3 ; neuf jours après l'ensemencement, la minéralisation seule du liquide de culture n° 3 a fourni plus de travail, a interverti plus de saccharose, a réduit plus d'acide que le liquide de culture n° 1 dont la minéralisation est identique au liquide de culture n° 3 avec l'azote ammoniacal en plus.

Plusieurs faits se dégagent avec netteté, dès le début de la végétation, de nos cultures polyminéralisées : 1° au neuvième jour de la culture, le milieu de culture n° 3, composé exclusivement de matière minérale et de sucre, a converti plus de sucre de canne que le n° 1 composé de matière minérale et d'azote sous la forme d'un sel ammoniacal ; d'où nous pouvons conclure que la matière minérale seule s'est montrée plus biodynamique que la matière minérale associée à un sel ammoniacal, à une source d'azote ; 2° une *spécialité* de minéralisation, un élément de minéralisation nouveau, représenté par un sel de lithium, ajouté à un milieu de minéralisation de même nature que celle des autres milieux de culture et comprenant un élément azoté, sous la forme d'un sel ammoniacal, accentue, dès

le début, l'activité vitale des mucédinées au point
qu'au neuvième jour de culture, elles ont converti
tout le sucre et utilisé la moitié des acides organiques
formés ; 3° le zinc, ajouté à un milieu de culture composé des mêmes éléments de minéralisation et de
sel azoté que les autres liquides de culture simi-
laires, en expérience, diminue jusqu'au neuvième
jour, l'activité vitale des mucédinées ; 4° l'activité
vitale des mucédinées se manifeste plus intense au
sein des liquides de culture privés d'azote combiné,
n'ayant à leur disposition que l'azote gazeux ambiant ; 5° que la mucédinée se trouve en contact
avec une minéralisation unique ou avec une minéralisation compliquée, elle prend aux milieux
ambiants ses éléments de constitution ; il n'est pas
nécessaire de lui fournir l'azote combiné qu'elle
dédaigne, dès le début de son évolution, tout au
moins. (Voir sur l'absorption de l'azote ambiant par
les *bactéries, nos analyses des bouillons de culture
de la bactéridie charbonneuse et du bacille de
Nicolaïer.*)

Je ne sais si nous pourrons découvrir dans les
réactions des sels les uns sur les autres l'explication
des différents rendements des mucédinées dans nos
milieux de culture ; la valeur différente de notre
récolte selon la nature du milieu où elle a poussé
doit avoir, cependant, une cause, une cause pal-

pable, tangible, mesurable dans ses effets. Un fait nous a d'abord frappé : c'est la forme de la mucédinée qui a poussé au sein du liquide de culture n° 3, c'est-à-dire au sein d'un liquide polyminéralisé, privé d'azote combiné ; la mucédinée est devenue à peu de chose près pareille à la mucédinée qui poussa au contact du calcium lors de notre première série d'expérience ; je reviendrai, plus loin, sur ce détail.

D'abord, il nous paraît utile de comparer les liquides de culture n°s 1 et 3 entre eux et de comparer également entre eux les poids de la récolte qu'ils ont fournie.

MILIEUX DE CULTURE	N° 1	N° 3	RÉCOLTE	
			N° 1	N° 3
Saccharose.............	))	))		
Phosphate de potasse....	))	))		
Carbonate de soude......	))	))	0 gr. 045	
Phosphate acide de chaux	))	))		
Phosphate d'ammoniaque.	))	00		0 gr. 062
Sulfate de magnésie.....	))	))		
Eau distillée...........	))	))		

La récolte du liquide de culture n° 3 est de 28 % supérieure à la récolte du liquide de culture n° 1 ; non seulement la récolte du cristallisoir n° 3 est de

28 °/₀ supérieure à la récolte du cristallisoir n° 1, mais tandis que tout l'hydrate de carbone est transformé, quatre-vingt-dix jours après l'ensemen·cement, dans le liquide de culture n° 1, le travail végétatif n'est pas terminé dans le cristallisoir n° 3 ; il reste encore 0 gr. 464 de sucre interverti, que nous avons calculé en glucose, à utiliser dans le cristallisoir n° 3 ; nous avons déjà vu que l'acidité du milieu de culture n° 3 était de beaucoup plus élevée que l'acidité du milieu de culture n° 1.

Le phosphate d'ammoniaque a donc tellement troublé le groupement moléculaire des sels qui constituent la minéralisation du milieu de culture n° 1 qu'il est devenu moins fécond que le liquide de culture n° 3 qui ne contient pas de phosphate d'ammoniaque.

Les deux milieux de culture qui nous intéressent le plus, en ce moment, les milieux de culture n°ˢ 1 et 3 ne contiennent point de chlore ni aucun sel haloïde; ils contiennent des sels d'inégale solubilité, exerçant une action mutuelle les uns sur les autres, solubilité, action réciproque, modifiées par la présence du saccharose dans les solutions.

La couleur de la solution n° 1 est légèrement jaune ; au fond du cristallisoir se trouve un précipité peu abondant ; de la matière organique est en suspension dans la solution ; la solution n° 3 est incolore, très légèrement opalescente ; la solution n° 3 est plus acide que la solution n° 1 ; au fond du cristallisoir, on aperçoit une couche mince d'un précipité léger formé de petits flocons blancs ; la solution tient en suspension de la matière organique.

Les précipités dans les solutions salines sont le résultat de deux lois, l'une formulée par Berthollet, l'autre, je ne crois pas me tromper, formulée par Berthelot ; la première loi veut que dans l'action réciproque des sels les uns sur les autres, dans une même solution, le composé *insoluble* ou le *moins soluble* se forme le premier ; la thermo-chimie, à laquelle appartient la deuxième loi qui explique ce que la première ne faisait que constater, veut que *le corps qui dégage le plus de chaleur, pendant sa formation, se forme le premier.*

La force de ces lois ne suffit pas pour expliquer la formation de nos précipités ; le degré de solubilité des sels n'est pas égal, à la même température, pour tous les sels, j'entends pour tous les sels solubles, dans un même volume de dissolvant ; le précipité qui se forme dans un volume de dissolvant déterminé, tenant en dissolution plusieurs sels, peut provenir de l'insolubilité relative de l'un des sels dans le volume du dissolvant ; l'extraction du sel marin en est un exemple vulgaire.

Pour l'étude des précipités qui se sont formés pendant le travail des mucédinées, à la fin même de ce travail, nous devons tenir compte de l'évaporation qui s'est produite pendant les quatre-vingt-dix jours qu'a duré l'expérience.

Nous aurons aussi à rechercher la nature des précipités du début de l'expérience ; ces précipités seront le résultat de la solubilité des sels et des réactions de ces sels les uns sur les autres au moment où ils se sont trouvés en contact, car la vie de la mucédinée n'a pas pu réagir sur les milieux salins, elle n'était pas née, je veux dire qu'elle n'était pas ensemencée.

Nous prendrons les corps constituant les milieux de culture dans l'ordre où je les ai placés dans l'un des tableaux précédents.

Cristallisoir n° 1	Cristallisoir n° 3
Saccharose..............	»
Phosphate de potasse......	»
Carbonate de soude........	»
Phosphate acide de chaux..	»
Phosphate d'ammoniaque..	00
Sulfate de magnésie........	»
Eau distillée.............	»

Voyons, d'abord, quel est le degré de solubilité, à la température ambiante de notre expérience, c'est-à-dire à $+$ 15°C. environ, des corps que nous avons introduits dans le même volume d'eau, soit 300 cmc.

Solubilité à $+$ 15° C. des éléments de minéralisation des milieux de culture et du saccharose.

Saccharose................. 66.33 °/₀
Phosphate de potasse....... très soluble
Carbonate de soude......... 60 °/₀
Phosphate acide de chaux... très soluble
Phosphate d'ammoniaque... 20 °/₀
Sulfate de magnésie........ 33 °/₀

Le phosphate de potasse est un phosphate bibasique ; le carbonate de soude est à l'état de sel cristallisé, soit avec dix molécules d'eau.

Non seulement tous les corps qui entrent dans le milieu de culture n° 1 sont solubles, mais encore ils s'y trouvent tous dans un état de dissociation marqué, à cause de la faiblesse de leurs poids moléculaires, par rapport au volume du dissolvant, au volume de l'eau ; de ce fait, la pression osmotique (1)

(1) La pression osmotique est un produit ; je comprends, sous la dénomination de *pression osmotique*, parce qu'il s'agit d'un milieu de culture, les autres

du milieu de culture est certainement élevée. Cependant, la pression osmotique n'est point aussi
intense dans nos liquides de culture, en général,
que le comporterait la dissolution saline; en effet,
ce n'est plus en présence d'une dissolution simple
dans l'eau que nous nous trouvons, mais en présence d'une dissolution de sels différents dans une
solution légère de sucre, en présence d'une solution
de sels dans de l'eau légèrement sucrée, contenant
0 gr. 666 de sucre pour 100 grammes d'eau.

Comment l'équilibre s'établit-il dans ce milieu
complexe qui est le milieu de culture n° 1? L'hydrate de carbone subit le choc dont je vous parlais
dans la leçon précédente, le choc des *ions* et l'invertine seule n'intervient pas pour l'inversion du
saccharose; elle est aidée par la dissociation des
sels ; vous savez que les acides minéraux dilués
transforment le saccharose en lévulose et en glucose.

La première dislocation saline sera le résultat de
la rencontre du phosphate bi-basique d'ammonium
et du sulfate de magnésium ; la formation des sels
de magnésium est fort exothermique ; le sel ma-
gnésique ne sera pas seul à agir sur le phosphate

forces, telles que la tension superficielle des liquides,
celles résultant de la dissociation, etc.

ammonique ; le carbonate de sodium plus soluble l'attaquera à son tour, mais la combinaison nouvelle étant plus soluble que la combinaison ammoniaque-magnésie, c'est l'action réciproque du sulfate de magnésium et du phosphate d'ammonium qui l'emportera.

Le poids du phosphate d'ammonium présent dans notre milieu de culture étant de 0 gr. 50 et le poids du sulfate de magnésium étant de 0 gr. 24, nous aurons, en ne tenant pas compte de l'eau de cristallisation, ni du sulfate de magnésium, ni du phosphate ammoniaco-magnésien, nous aurons 0 gr. 262 de phosphate ammoniaco-magnésien ; en effet 0 gr. 24 de sulfate de magnésium ($SO^4Mg.$) contiennent 0 gr. 048 de magnésium.

($SO^4Mg.$) = Poids moléculaire = 120 ; Mg = 24 ; $24 \times 100 : 120 = 20$; 20×0 gr. $24 = 0. 048$ Mg.

(PhO^4) $Mg.$ (AzH^4) = Poids moléculaire = 137 ; $Mg = 24 \times 100 : 137 = 0$ gr. 1829 ; 0 gr. 048 : 0 gr. 1829 = 0 gr. 262 qui correspondent au poids de phosphate ammoniaco-magnésien fourni par le magnésium du sulfate de magnésium. Mais, nous avons 0 gr. 50 de phosphate bi-basique d'ammonium qui contient 0 gr. 413 d'acide phosphorique anhydre, tandis que le phosphate ammoniaco-magnésien possible avec la quantité de magnésium dont nous disposons n'occupe que 0 gr. 1813 d'acide phosphorique ; il nous restera donc, dans notre liquide de culture, du phosphate d'ammonium libre, moins de la moitié de l'acide phosphorique du phosphate d'ammonium n'ayant pas été utilisé à la précipitation du sel magnésien.

Le carbonate de sodium est plus soluble que le phosphate d'ammonium, mais le carbonate d'ammonium est plus soluble que le phosphate; l'eau en dissout 25 °/₀ à + 15° C. ; il ne se formera donc pas de carbonate d'ammonium ; si le carbonate d'ammonium est moins soluble que le phosphate, en revanche le phosphate de sodium est moins soluble que le phosphate d'ammonium ; l'eau en dissout 15 °/₀ à + 15° C., il se formera donc du carbonate d'ammonium et du phosphate de sodium ; sans doute, mais, lorsque les coefficients de solubilité ne sont pas par trop éloignés, ce qui est le cas ici pour le phosphate de sodium et le phosphate d'ammonium, il se forme des sels doubles dans lesquels entre l'acide le plus fort qui chasse l'acide le plus faible ; le phosphate d'ammonium entamé par le magnésium chassera l'acide carbonique du carbonate de sodium pour s'associer au sodium et former un sel double d'ammonium et de sodium, un phosphate ammoniaco-sodique ; nous devons donc trouver, et nous trouvons en réalité, dans le précipité du début comme dans celui de la fin de nos expériences de culture du phosphate ammoniaco-magnésien, les autres combinaisons salines restant en solution.

Maintenant, nous sommes en présence de deux sels, le phosphate acide de calcium et le phosphate bi-basique de potassium qui, tels quels, ne peuvent pas donner, par double décomposition, des sels insolubles ; je dis tels quels ; en effet, le sel de potassium peut précipiter le calcium du sel de calcium à l'état d'hydrate d'oxyde métallique, mais en admettant le fait comme possible, la réaction n'a pas lieu en solution étendue, ce qui est le cas ici. Les valences de l'acide phosphorique ne sont point satisfaites, ni chez le sel de potassium, ni chez le sel de calcium ; les deux phosphates sont en état d'équilibre instable ; ils abandonnent rapidement les hydrogènes métalliques pour des métaux qui les saturent.

Vous connaissez les aptitudes communes qui rapprochent les phosphates et les carbonates ; les phosphates, plus encore que les carbonates, ont la propriété de former des sels doubles avec l'ammoniaque, avec les bases alcalines. Vous avez certainement entendu parler, vous avez touché peut-être de la *gay-lussite* rapportée de Mérida (Mexique) par Boussingault ; la gay-lussite est un carbonate double de chaux et de soude ayant une cohésion assez intense ; la gay-lussite est un sel naturel ; il existe des phosphates doubles de chaux et de soude, des phosphates doubles de chaux et de potasse qui ne sont pas sans quelques analogies avec la gay-lussite ; dans le cas particulier, nous pouvons penser à un sel double de chaux et de potasse, à un phosphate acide double de chaux et de potasse dont la valence de l'acide phosphorique du phosphate de calcium ferait les frais ; en effet, nous avons en présence 0 gr. 97 de phosphate acide de calcium et 0 gr. 08 de phosphate de potassium :

Phosphate bi-basique de potassium.

$$\text{Sel} = 0 \text{ gr. } 08 = \begin{cases} \text{Acide phosphorique.} & 0 \text{ gr. } 03917 \\ \text{Potassium} \ldots\ldots\ldots & 0 - 032 \end{cases}$$

Phosphate acide de calcium.

$$\text{Sel} = 0 \text{ gr. } 97 = \begin{cases} \text{Acide phosphorique.} & 0 \text{ gr. } 746 \\ \text{Calcium} \ldots\ldots\ldots\ldots & 0 - 1649 \end{cases}$$

ce qui nous donne 0 gr. 10 de phosphate double de calcium et de potassium ; ce phosphate double est un phosphate acide représenté par l'équation suivante :

$$\left. \begin{array}{l} (PO^4)^2 CaK^2 \\ (PO^4)^2 CaK^2 \end{array} \right\} = 2(PO^4)^2 Ca^2 K^2 H^2 + (PO^4)^2 CaH^2$$

Telles sont les équations que doit nous fournir l'équilibre des phosphates de calcium et de potassium, selon notre conception ; les atomicités non satisfaites de (PO⁴) maintiennent à l'état de dissolu‑ tion et le sel de potassium et le sel de calcium.

Nous avons donc, dans notre liquide de culture n° 1, avant l'ensemencement : 1° du phosphate ammoniaco-magnésien à l'état de précipité ; 2° du phosphate double ammoniaco-sodique à l'état de solution ; 3° du phosphate double de calcium et de potassium à l'état soluble ; 4° du phosphate acide de calcium.

L'acide carbonique du carbonate de sodium dont le poids est 0 gr. 027 restera dissous dans l'eau à l'état de combinaison avec le calcium.

Le rendement de la mucédinée dans le milieu de culture n° 1 tel que nous l'avons fait et tel qu'il est devenu, a été, avons-nous dit, de 0 gr. 045 ; la ré‑ colte est maigre.

Cependant, rien ne manquait, en apparence, à la minéralisation de la mucédinée, ni les bases fixes, la chaux. notamment, qui favorise l'assimilation de l'azote, ni l'azote lui-même ; mais, fait remarquable, complètement mis en lumière par les deux insé‑ parables savants expérimentateurs anglais, sir J.-B. Lawes et sir J.-H. Gilbert (*Philos. Trans.*, 1900), les substances azotées produisent principalement des substances non azotées, les hydrates de carbone, en général, l'amidon, la fécule, la cellulose, le sucre, etc. ; les rendements en azote ne sont nullement comparables à la quantité d'azote mis à la disposition des plantes. Que la végétation se trouve en présence d'une abondance de chaux ou de potasse, les substances azotées produiront principalement des substances non azotées.

L'azote est non seulement indifférent de sa nature, il est ingrat. Dès que les bases fixes l'ont fait participer à la vie il se débarrasse d'elles.

Le précipité de phosphate ammoniaco-magnésien a laissé libre l'acide sulfurique du sulfate de magnésie ; nous avons négligé cet acide sulfurique et nous avons construit notre édifice de minéralisation comme s'il n'avait pas existé ; 0 gr. 054 d'acide sulfurique ne sont pas à dédaigner, même étendus dans 300 grammes d'eau ; d'après les lois que nous avons énoncées plus haut, l'acide sulfurique devait se combiner au calcium pour former un sulfate de calcium presque insoluble ; le sulfate de calcium ne précipite pas parce que entre 10° et 100°, l'eau dissout le sulfate de chaux dans la proportion de 0 gr. 30 % ; or, nous ne pouvons obtenir que 0 gr. 114 de sulfate de calcium avec l'acide sulfurique disponible ; les 300 grammes d'eau sucrée du liquide de culture sont amplement suffisants pour dissoudre les 0 gr. 114 de sulfate de calcium ; connaissant, d'ailleurs, la facilité avec laquelle l'acide phosphorique s'accommode des autres acides, je puis supposer, pour des raisons qu'il serait trop long de développer, que l'acide sulfurique et l'acide phosphorique se combinent ensemble avec les bases. En définitive, nous n'aurons pas à changer le groupement des sels dissous ou insolubles.

SIXIÈME LEÇON

Messieurs,

La mucédinée se trouve, dans le liquide de culture n° 1, dans un milieu phosphaté où dominent, comme bases fixes, le calcium et le potassium, bases fixes qui semblent, d'après Lawes et Gilbert, favoriser le plus la végétation, qui semblent entraîner la formation des carbo-hydrates en abondance ; malgré tout, le rendement de la mucédinée est faible ; le milieu ne paraît point biodynamique pour elle, ou pour être plus exact, le milieu est peu biodynamique pour notre mucédinée. Je voudrais pouvoir vous dire pourquoi le milieu de culture n° 1 est peu biodynamique, car les mots *biodynamique* et *abiodynamique* sont des mots qui dissimulent notre ignorance des phénomènes intimes de la vie ; l'expression biodynamique ou abiodyna-

6

mique sert à caractériser un ensemble de phénomènes que nous constatons, sans pouvoir les expliquer, parce que nous ne connaissons pas, parce que
nous ignorons toutes les étapes d'adaptation du
protoplasme d'une forme vivante, déterminée, avant
qu'elle ait atteint sa forme actuelle ; malheureuse-
ment, la nature n'a pas tenu un registre régulier
de toutes les étapes parcourues par la vie depuis
son apparition jusqu'au moment où je vous parle,
moment pendant lequel l'adaptation protoplasmique
continue de se modifier à la suite des modifications que subissent les roches qui forment la
croûte terrestre et aussi celles qui sont plus profondément situées dans les entrailles de la terre, con-
curremment avec les modifications que subissent
les milieux ambiants.

De la comparaison de la végétation des mucédinées dans les autres liquides de culture avec la
végétation dans le liquide de culture que nous
venons d'étudier, nous pourrons, peut être, déduire
quelques-unes des aptitudes protoplasmiques ac-
tuelles de nos mucédinées ; ce sera déjà, si nous
pouvons y arriver, un grand pas de fait vers la con-
naissance des rapports de la végétation de nos
mucédinées et des éléments de minéralisation, du
sol, en un mot.

Le liquide de culture n° 3, que nous comparons

au liquide de culture n° 1, ne contient pas de phosphate d'ammonium ; ce n'est donc point la formation du phosphate ammoniaco-magnésien qui a commencé à ébranler le groupement des électrolytes mis en contact dans l'eau de dissolution.

Cependant, dans le liquide de culture n° 3, comme dans le liquide de culture n° 1, il s'est formé, dès le début, un précipité, précipité blanc, peu abondant, léger.

Nous avons mis en présence du phosphate de potasse, du carbonate de soude, du phosphate acide de chaux et du sulfate de magnésie, dans de l'eau sucrée, dans de l'eau légèrement sucrée :
$$(PO^4) K^2H + CO^3 Na^2 + (PO^4)^2 CaH^4 + SO^4 Mg.$$

Ici, c'est le carbonate de sodium qui fera la première attaque ; il précipitera et le sel de calcium et le sel de magnésium et nous aurons, par double décomposition, du sulfate de sodium, du phosphate de sodium, du carbonate de calcium et du carbonate de magnésium. Le phosphate de sodium réagira sur le phosphate acide de calcium et nous aurons, par un nouvel échange, du phosphate de calcium précipité et du phosphate acide de sodium ; le phosphate de potassium réagira également sur le phosphate de calcium pour donner un précipité de phosphate calcique et un sel acide, le phosphate acide de potassium ; nous pouvons, dans la circonstance, penser à un sel multiple de calcium, de sodium et de potassium, puisque le radical (PO^4) du sel acide de calcium se trouve en excès par rapport au poids des métaux alcalins qui viennent de réagir sur le calcium. Ainsi, nous aurons dans le liquide de culture n° 3, du sulfate de sodium, du sulfate de magnésium, car le carbonate de sodium est trop petit pour précipiter et le calcium et le magnésium, nous aurons du sulfate de sodium, du sulfate de magnésium, du phosphate acide de calcium, de potassium et de sodium en solution ; du carbonate de calcium, du phosphate de calcium à l'état de précipité ; le phosphate de sodium ne précipite pas les sels magnésiens en solutions étendues.

Les réactions salines du liquide de culture n° 3 se dégagent mieux et sont moins compliquées que les réactions salines du liquide de culture n° 1. Une différence essentielle sépare le liquide de culture n° 3 du liquide de culture n° 1 ; l'hypothèse nous permet de croire, mais l'essai, l'expérience nous démontrent qu'il reste un sel de magnésium en dissolution dans le liquide de culture n° 3, tandis que tout le magnésium a été précipité à l'état de phosphate ammoniaco-magnésien dans le liquide de culture n° 1, c'est-à-dire à l'état de très grande insolubilité. Ne serait-ce pas dans cette particularité que nous pourrions trouver le secret des qualités peu biodynamiques du liquide de culture n° 1, qualités biodynamiques inférieures aux qualités biodynamiques du liquide de culture n° 3 qui se traduisent, comme nous l'avons vu, par un rendement de 28 °/₀ en moins. Je ne suis pas éloigné de le croire, car, je vous le rappelle, le magnésium est le deuxième élément de minéralisation du protoplasme, en général, pendant que le calcium en demeure le premier.

L'hypothèse, puis l'expérience, nous permettent d'approcher de la cause intime des phénomènes les plus complexes de tous les phénomènes, de la vie. Nous constatons que la végétation est moins intense dans un milieu donné, que cependant la végétation s'y développe ; nous traduisons ce fait d'observation en disant que ce milieu donné favorise moins bien la végétation qu'un autre, nous disons qu'il est moins biodynamique ; à l'aide du raisonnement, nous déduisons que le milieu de culture moins biodynamique ne doit pas être constitué comme un milieu plus biodynamique ; ou, que si la constitution des deux milieux est la même, il doit se passer dans ces milieux des réactions différentes, c'est-à-dire, que les éléments de constitution de ces milieux de culture ne sont pas présentés sous la même forme à la végétation ; l'expérience nous démontre, en effet,

que tout en ayant plusieurs points de ressemblance,
la constitution des deux liquides s'éloigne l'une de
l'autre et que les éléments de constitution semblable sont présentés à la végétation, les uns à l'état
soluble, soit en état de grande activité, les autres
à l'état insoluble, soit d'inaction relative ; ainsi,
l'hypothèse et l'expérience nous conduisent à affirmer que l'une des causes du moindre rendement de
la mucédinée dans le liquide de culture n° 1 provient de ce que tout le magnésium a été précipité
du liquide de culture à l'état de sel insoluble.

Nous allons nous trouver aux prises avec d'autres difficultés en étudiant les liquides de culture
n°s 2 et 4.

Le liquide de culture n° 2 contient tous les
éléments de constitution du liquide de culture
n° 1, plus 0 gr. 15 de benzoate de lithium :
$(C^6H^5)CO,OLi$. Comme dans le liquide de culture
n° 1, dans le liquide de culture n° 2, c'est le phosphate
d'ammoniaque qui fournira les éléments de perturbation du groupement moléculaire des sels ; le
magnésium sera précipité à l'état de phosphate
ammoniaco-magnésien ; nous assisterons à toutes
les réactions entre sels que nous avons constatées
dans le liquide de culture n° 1, et j'ai la certitude
qu'un grand nombre de réactions nous ont échappé,
car si nous les avions prévues toutes, nous connaî-

trions la vie dans l'une, au moins, de ses manifestations. Ici nous avons un élément salin nouveau,
un sel organique dont le métal acquiert de l'importance par sa légèreté. Quinze centigrammes de
benzoate de lithium contiennent 0 gr. 0819 de
lithium.

Le magnésium précipité à l'état de phosphate
ammoniaco-magnésien égale 0 gr. 048 ; je vous
ai dit dans le courant d'une des leçons précédentes
la grande analogie des sels de lithium avec les sels
de magnésium ; les sels de lithium sont solubles
lorsque sont solubles les sels de magnésium ; les
sels de lithium sont insolubles lorsque sont insolubles les sels de magnésium ; le magnésium aussi
est un métal léger, le plus léger même des métaux
après le lithium.

Les aptitudes physiques des corps chimiques ne
leur permettent pas de se suppléer dans la vie ; il
n'y a point d'isomérie dans la vie et le métabolisme
organique n'existe point ; je parle, au point de vue
constitutionnel, bien entendu, car les changements
de forme du protoplasme sont nombreux et variés ;
le mouvement amœboïde en est une preuve,
entre autres.

Nous avons donc, dans le milieu de culture
n° 2, un sel organique puissant, par son radical
négatif.

Le sulfate de magnésium est décomposé par le phosphate d'ammonium et il se forme du sulfate d'ammonium soluble et du phosphate double d'ammonium et de magnésium insoluble. L'acide sulfurique du sulfate d'ammonium se porte sur les phosphates de calcium, mais le sulfate de calcium est assez soluble pour ne point précipiter dans un volume d'eau supérieur de beaucoup au maintien de sa solubilité. Peut-être l'acide sulfurique et l'acide phosphorique porteront-ils simultanément leur action sur le calcium ; nous aurons alors le sel double représenté par l'équation suivante : $(PO^4)^2Ca^3H(SO^4)$.

Le carbonate de calcium, le carbonate de magnésium et le carbonate de lithium sont peu solubles ; la question se pose de savoir si le phosphate ammoniaco-magnésien est moins soluble que le carbonate de magnésium ou que le carbonate ammoniaco-magnésien dont la formation est à prévoir dans notre liquide de culture n° 2. A la température moyenne de notre liquide de culture, l'eau dissout, d'après Fife, 1/2500 de carbonate basique de magnésium ; 0 gr. 0004 par gramme, ou 0 gr. 12 pour les 300 grammes d'eau du liquide de culture ; or, nous disposons de 0 gr. 048 de magnésium qui représentent, d'après la formule suivante : CO^3Mg, 0 gr. 16 de carbonate neutre ; mais ce n'est point du carbonate neutre de magnésium qui, le cas échéant, se sera déposé, mais du carbonate basique de magnésium ; le carbonate basique de magnésium, en effet, est toujours le résultat de l'action d'un carbonate alcalin sur un sel de magnésium ; la formule du carbonate basique de magnésium est la suivante : $(C^3 O^{10} Mg^4)$ $+$ $4\,H^2O$; cette formule nous donne avec le magnésium dont nous pouvons disposer 0 gr. 18 de carbonate basique, c'est-à-dire 0 gr. 06 de plus que n'en peuvent dissoudre les 300 grammes d'eau de notre liquide de culture, même en lui ajoutant le pouvoir dissolvant du sucre qu'il contient.

Le phosphate ammoniaco-magnésien est insoluble dans l'eau bouillante, mais à la température de $+$ 15°-18° C. l'eau en dissout 0 gr. 02 °/₀, soit 1/5000 ; il peut donc se dissoudre 0 gr. 06 de phosphate ammoniaco-magnésien dans le liquide de culture n° 2 ; le phosphate ammoniaco-magnésien est moiité moins soluble dans l'eau à $+$ 15°-18° C. que le carbonate basique de magnésium. Le précipité du début de notre expérience sera composé de phosphate ammoniaco-magnésien et non point de carbonate de magnésium qui est plus soluble.

La quantité de phosphate ammoniaco-magnésien que peut fournir la quantité de sulfate de magnésium disponible est de 0 gr. 049; cette quantité de phosphate ammoniaco-magnésien pourrait se dissoudre dans le liquide de culture, mais il reste dans ce liquide du phosphate d'ammonium libre qui maintient le précipité ; c'est donc avec juste raison que nous avons pu penser que la mucédinée n'avait pas prospéré dans le liquide de culture n° 1 à cause de l'absence de magnésium soluble.

Le benzoate de lithium est très soluble, mais le carbonate de lithium est peu soluble et le phosphate de lithium est encore moins soluble que le carbonate. Li^2CO^3 est soluble dans la proportion de 0 gr. 77 dans 100 grammes d'eau froide et $Li^3PO^4 + H^2O$ est soluble dans la proportion de 0 gr. 039 seulement dans 100 grammes d'eau.

Au milieu des phosphates chez lesquels les atomicités de l'acide phosphorique ne sont point satisfaites, malgré la présence du carbonate de sodium, le benzoate de lithium sera transformé en phosphate, et, en vertu des lois de la thermochimie, et, en vertu des faits observés par Berthollet ; le benzoate de lithium sera transformé en phosphate, parce que le phosphate est moins soluble que le carbonate et parce que l'acide phosphorique expulse l'acide benzoïque ; nous pourrions dire, plus savamment, que l'acide phosphorique attaquera le benzoate de lithium parce que la combinaison de l'acide phosphorique avec le lithium dégage plus

de chaleur que la combinaison de l'acide phosphorique avec les éléments de l'eau.

Parmi les quatre précipités formés par la réaction
des sels les uns sur les autres, dans les quatre liquides de culture, le moins dense, c'est le précipité
formé dans le liquide de culture n° 2; ce précipité
est à peine sensible ; la présence du lithium dont
le pouvoir neutralisant est en rapport avec l'élévation de sa chaleur spécifique (vous vous rappelez
la loi des chaleurs spécifiques de Dulong et Petit :
*les chaleurs spécifiques des corps simples sont en
raison inverse de leurs poids atomiques*); la chaleur spécifique du lithium est de 0.9408 et son
poids atomique est 7 ; la présence du lithium, ou
pour mieux dire, les sels doubles solubles formés
par le lithium et les autres éléments salins, a
permis à la mucédinée de puiser des éléments de
constitution, à l'état de diffusion, au sein du liquide de culture et tout à coup le rendement cultural s'est élevé considérablement ; il est monté de
0 gr. 045 qu'il était dans le liquide de culture n° 1 à
0 gr. 13 dans le liquide de culture n° 2.

Le cas que nous aurons à étudier avec le liquide
de culture n° 4 sera tout spécial, aussi me semble-
t-il bon de vous exposer quelques considérations sur
les qualités biodynamiques des corps inorganiques
que contiennent les liquides de culture.

La minéralisation des végétaux, des animaux et de l'homme est faite principalement de métaux légers ; les aptitudes protoplasmiques correspondant aux étapes des transformations de la vie végétale et animale peuvent seules expliquer les différences de minéralisation des plantes entre elles, les différences de minéralisation des plantes et des animaux, les différences de minéralisation des animaux entre eux. Je considère les aptitudes protoplasmiques, telles que nous les voyons, comme des états de souvenance de la rencontre du protoplasme avec les divers éléments de minéralisation, rencontre dont le développement du protoplasme augmenta la fréquence.

La chaux et la magnésie furent le berceau du protoplasme, le premier des ferments, et successivement, par étapes dont nous ne saurions mesurer la longueur, naquirent du protoplasme des aptitudes nouvelles à mesure que se multipliaient les contacts avec de nouveaux éléments de minéralisation.

Il n'y a pas de rapports, pour un milieu déterminé, entre le poids atomique et la valeur biodynamique d'un élément de minéralisation. Exemple : le poids atomique du calcium est 40 et le poids atomique du potassium est 39 ; le calcium est dans la vie, en général, plus biodynamique que le potassium. Mais, c'est mal voir les choses que de les regarder ainsi dans l'ensemble chez un être vivant; il est certain que le calcium est la dominante minérale de tous les êtres vivants ; à ce point de vue, le calcium est le plus biodynamique des éléments de minéralisation chez les êtres vivants ; mais le calcium est, chez les êtres vivants, l'élément principal de la minéralisation de croissance, mais non l'élément de minéralisation dominant de la reproduction; le magnésium, dont le poids atomique est 24, est l'élément de minéralisation de la reproduction chez tous les êtres vivants ; l'existence précède la reproduction et si, à la rigueur, on peut concevoir la vie sans reproduction, on ne peut se représenter la reproduction sans l'existence ; le calcium, avec son poids atomique de 40 °/₀ plus lourd que le poids atomique du magnésium, est donc plus biodynamique que le magnésium.

Les métaux sont d'autant plus actifs (toxiques) au sein de l'organisme, a dit Rabuteau en 1867 (*Eléments de Thérapeutique*, page 16), que leur poids atomique est plus élevé ; c'est une erreur évidente si l'on considère chacun des métaux qui entrent dans la constitution des organismes, à leur vraie place ; ainsi l'iode, dont le poids atomique est 127 est à ce point biodynamique que sa disparition de l'organisme humain entraîne la déchéance de cet organisme ; le zinc dont le poids atomique = 65 est indispensable à la vie de la *calaminaire*, etc. La biodynamie des éléments de minéralisation n'est pas liée au poids atomique de ces éléments. Prenons un autre exemple. Le poids atomique du lithium = 7 ; le poids atomique du magnésium = 24 ; le magnésium qui est une spécificité de minéralisation est généralement beaucoup plus biodynamique que le lithium qui est une spécialité de minéralisation ; le potassium dont le poids atomique = 39 et qui est une spécificité de minéralisation est beaucoup plus biodynamique que le sodium dont le poids atomique = 23 et qui est une spécialité de minéralisation.

L'énergie physiologique d'un métal, la biodynamie d'un métal ne peut donc pas s'exprimer par la valeur d'une propriété purement physique, telle que la chaleur spécifique.

Nous pouvons classer les corps inorganiques qui entrent, à l'état d'oxydes, dans la constitution des plantes, généralement, dans l'ordre suivant, par rapport à leurs poids réels et à leurs poids moléculaires :

Potasse, K^2O ; poids moléculaire		94
Chaux, CaO ;	—	56
Magnésie, MgO ;	--	40
Soude, Na^2O ;	--	62

Les corps inorganiques qui entrent, à l'état
d'oxydes, dans la constitution des animaux, en général, et de l'homme, peuvent être classés par rapport à leurs poids réels et à leurs poids molécu·
laires, dans l'ordre suivant :

Chaux, CaO, poids moléculaire....   56
Soude, Na²O   62
Potasse, K²O   94
Magnésie, MgO   40

Les sélaciens font exception à ce classement de
la matière minérale ; chez eux la soude domine la
chaux et nous retrouvons la soude comme dominante dans le tissu cartilagineux des animaux.

Tels sont les résultats que donne, pondéralement,
l'analyse des plantes et des animaux,

Maintenant, si nous reprenons chacun des métaux ci-dessus, si nous comparons leurs propriétés
biodynamiques à leurs poids atomiques, nous
voyons que le métal dominant chez les animaux a
un poids atomique plus élevé que le métal dominant chez les végétaux ; par contre, nous voyons
que l'oxyde métallique dominant chez les végétaux
a un poids moléculaire plus grand de 40 % que le
poids moléculaire de l'oxyde métallique dominant
chez les animaux. D'où il paraît résulter que la
matière minérale puise ses vertus biodynamiques

non seulement dans ses qualités propres, mais aussi, pour une large part, dans ses combinaisons.

La minéralogie biologique ne doit donc pas se borner à l'étude des corps bruts qui entrent dans la constitution des êtres vivants ; son devoir est de les considérer au point de vue de toutes leurs combinaisons possibles ; c'est ce que nous avons tenté de faire pendant cette leçon et les précédentes, à propos des liquides de culture de nos mucédinées.

Je ne m'étendrai pas plus longuement sur la manière dont la matière minérale, toujours la même matière minérale, est répartie chez les plantes et chez les animaux ; je voudrais vous dire, en passant, quels sont, approximativement, les rapports de la matière minérale et de l'azote chez les plantes et chez les animaux, en général.

Je n'ai pas la prétention d'inclure l'azote utilisé exclusivement dans l'un des éléments de minéralisation, car l'azote organique, l'inclusion de l'azote dans la molécule organique n'est pas le propre d'un seul des éléments de minéralisation, mais bien le fait des échanges chimiques de tous les éléments de minéralisation entre eux. Il est bon de nous rappeler, cependant, que l'azote de l'air peut se combiner directement avec les métaux à la température moyenne de notre atmosphère comme l'a démontré Deslandres (Compt. rend.

T. cxxi, page 886) pour le lithium ; le lithium absorbe, à froid, l'azote et laisse de côté l'argon ; le
phénomène chimique est complexe ; il se produit
lentement et s'arrête dès que la surface fraîche-
ment coupée du lithium se recouvre d'une couche
terne, noirâtre, couche protectrice analogue dans
son action, sinon dans ses causes, à la couche protectrice qui protège d'autres métaux, comme je
vous l'ai rappelé, contre l'action des acides puissants. Le gaz hydrogène joue un rôle important
dans l'action protectrice du lithium contre l'azote.
L'hydrogène est le plus léger et le plus diffusible
des gaz simples ; c'est pourquoi les bulles d'hydrogène sont protectrices des corps à la surface des-
quels elles se forment et se dégagent ; mais là n'est
point la question. Le lithium n'est pas le seul métal
capable d'absorber l'azote à la température ambiante ; le fer, le magnésium et le calcium, tout au
moins, partagent cette propriété avec le lithium.

Boussingault a démontré que les végétaux et tout
particulièrement les légumineuses absorbaient l'a-
zote de l'air dans un sol privé d'azote. Les expériences de Boussingault ont été très discutées et,
dans la suite, on a fini par donner raison à Boussingault, par donner indirectement raison à Boussingault ; il est convenu aujourd'hui que les plantes,
les légumineuses tout particulièrement, absorbent

l'azote de l'air, mais que cet azote leur est préparé par des microbes nitrifiants. Les microbes nitrifiants sont au nombre de deux : un microbe azoteux et un microbe azotique ; ces microbes vivent en symbiose avec la plante et lui préparent son azote, nous disent les microbiologistes ; de sorte que, sans les microbes nitrifiants, les plantes, les légumineuses seraient incapables d'absorber, d'utiliser l'azote de l'air.

Les microbes nitrifiants ne sont pas les seuls à absorber l'azote gazeux comme je l'ai démontré il y a quelques années ; la bactéridie du charbon et le bacille du tétanos absorbent, eux aussi, l'azote gazeux.

Les microbes absorbent l'azote de l'air au moyen des métaux qui se trouvent à l'état de grande diffusion dans les milieux de culture, quels qu'ils soient ; il se forme de véritables azotures métalliques qui fournissent de l'ammoniaque et les corps oxygénés de l'azote ; la présence des microbes peut aider par la suite, comme source d'activité, à l'hydrogénation et à l'oxydation de l'azote, mais leur présence n'est point nécessaire et les forces physiques seules suffisent à les produire. Est-ce que Kuhlmann n'a pas démontré que sous l'influence des corps très divisés et à une faible température, l'ammoniaque se transformait en acide azotique au contact de

l'oxygène. Est-ce que, au contact de l'eau, l'électricité. sous une faible tension, ne transforme pas
l'azote, en présence de l'oxygène, en acide azotique ?
Est-ce que le degré de solubilité de l'azote dans
l'eau ne le met pas toujours en présence d'un excès
d'oxygène ?

Solubilité de *l'azote* dans l'eau à + 15° C. = 0.01478
     —   de *l'oxygène*   —   = 0.02989

Les microbes nitrifiants sont les premiers à pro-
fiter des actions chimiques et physiques ci-dessus ;
ils vivent en même temps que la plante des actions
physico-chimiques qui se passent dans le sol et ils
sont, dans les racines des légumineuses, comme
partout ailleurs, les témoins et non les causes premières d'actes chimiques dont ils vivent et auxquels
ils restent étrangers. Je ne veux pas dire que l'action vitale des microbes ne puisse point retentir
d'une façon utile ou nuisible au sein des milieux
où ils vivent ; le nier, ce serait nier les consé-
quences de la vie elle-même.

SEPTIÈME LEÇON.

Messieurs,

Je sais bien que l'on m'objectera les expériences de Berthelot et la stérilisation de la terre ; j'aurai aussi, moi, plusieurs objections à faire aux expériences de Berthelot ; j'ai été surpris qu'un esprit aussi sagace, aussi philosophique, qu'un expérimentateur aussi consommé que Berthelot se soit borné à enregistrer des résultats, sans se préoccuper des modifications qu'ont pu subir les milieux de culture.

On ne manquera pas d'objecter et à mes expériences et à ma manière de voir les expériences de Frankland ; mais, si nous y regardons de près, ces expériences démontrent seulement que certains microbes s'emparent des azotites et des azotates dans un milieu minéral, *exclusivement minéral,* déterminé ; elles ne prouvent pas, ces expériences, que les microbes fabriquent l'acide azoteux et l'acide azotique par l'oxydation directe de l'azote de l'air ; ils profitent, comme les plantes, de l'influence des agents physiques sur les combinaisons métalliques de l'azote de l'air ; les terres absorbent parfois l'azote avec avidité lorsque cette absorption est favorisée par une température élevée ; les alcalis n'ont pas dit leur dernier mot dans leur combinaison probable avec l'azote atmosphérique.

Le calcium et le magnésium sont, par rapport aux autres bases fixes, plus abondants dans les légumineuses précisément que l'on a choisies comme l'exemple le plus frappant de l'action symbiosique des microbes nitrifiants ; or, l'on sait depuis longtemps que le calcium et le magnésium sont des fixateurs puissants d'azote. Dans quelques familles végétales, l'azote organique augmente, également, en même temps que le potassium.

Nous assistons chaque jour à la fixation de l'azote atmosphérique par le fer. Pendant la formation de la rouille l'azote se fixe sur l'hydrogène ; il se forme de l'ammoniaque ; l'électricté qui se développe pendant la formation de l'oxyde de fer oxyde l'azote ; l'acide azotique, l'acide azoteux, les azotites et les azotates sont faciles à caractériser au milieu des produits complexes de la rouille. J'avoue que je n'ai fait que constater les réactions caractéristiques des azotites et des azotates et que ne n'ai point recherché les microbes qui vivent à la surface du fer au contact de l'humidité ; l'objection que l'on peut me faire de ma négligence à rechercher les microbes de la rouille est plus spécieuse que grave, car le fer n'est point le seul métal capable de se *rouiller*, nous l'avons vu dans les leçons précédentes ; or, la notion de spécificité de minéralisation que nous avons acquise, nous permet d'affirmer que les microbes de la *rouille* du zinc, par exemple, ne peuvent pas être les mêmes que les microbes de la rouille du fer ; pendant que le zinc se *rouille*. il se forme de l'ammoniaque, il se forme des azotites, il se forme des azotates ; s'il existe des microbes de la rouille, je continuerai de croire qu'ils vivent des réactions des agents physiques ambiants, sans contester qu'ils puissent agir à leur tour sur les métaux, sans contester qu'ils puissent transformer les métaux en de nouvelles combinaisons (1).

(1) Il en sera bientôt des microbes qui s'emparent des azotites et des azotates, comme il en fut des micro-organismes qui dédoublent certains corps doués du pouvoir rotatoire. On a cru, pendant longtemps, à la suite de Pasteur, que le pouvoir rotatoire était exclusivement, sous la dépendance de certains micro-organismes ; l'ac-

Je reviens au rapport de la matière minérale et de l'azote chez les plantes et chez les animaux en général.

Il résulte de mes propres recherches, des analyses d'autres chimistes et des calculs auxquels je me suis livré, que le rapport de l'azote à la chaux chez les végétaux et chez les animaux, peut s'exprimer par les termes suivants :

Végétaux.

Azote............ 17 gr. 99 % o o
Chaux........... 12 — 65 % o o
Rapport......... 71 — 77 %

Animaux

Azote............ 23 gr. 50 % o o
Chaux........... 14 — 87 % o o
Rapport......... 63 — 21 %

Pour vous permettre de mieux suivre les considérations subséquentes, je vais placer sous vos yeux le tableau des bases fixes que l'on rencontre chez les animaux, l'homme y compris, et chez les végétaux en général ; ce tableau est le résultat de moyennes dont peuvent s'éloigner des animaux et des végétaux pris séparément : le *bœuf*, par exemple, parmi

tivité optique des corps synthétiques a ruiné cette théorie ; le peu que nous savons de la combinaison directe de l'azote avec les métaux, des *azotures*, menace grandement la théorie des microbes nitrifiants.

les animaux ; l'*elodea canadensis*, parmi les végétaux ; mais, nos moyennes se rapprochent le plus
souvent de la teneur normale des végétaux et des
animaux en bases fixes.

Bases fixes chez les animaux

Chaux..............	14 gr.	875 °/$_{oo}$
Soude..............	2 —	772
Potasse...........	2 —	116
Magnésie..........	0 —	515

Bases fixes chez les végétaux.

Potasse.............	15 —	94 °/$_{oo}$
Chaux.............	12 —	65
Magnésie..........	1 —	94
Soude,.............	1 —	94

Chez les animaux, chaque gramme d'*azote* correspond à 0 gr. 6321 de *chaux ;* chez les végétaux,
chaque gramme d'*azote* correspond à 0 gr. 7477 de
chaux ; ce qui revient à dire que si la chaux inter-
venait seule pour fixer l'azote, chez les animaux et
chez les plantes, 0 gr. 6321 de chaux fixeraient
1 gramme d'azote chez les animaux et que 0 gr. 7477
de chaux fixeraient 1 gramme d'azote chez les
végétaux ; en somme, il faut près de 16 °/$_{o}$ de
chaux aux végétaux, de plus qu'aux animaux, pour
fixer un gramme d'azote organique. Mais le potassium est tellement prépondérant chez les végétaux

qu'il est impossible de ne point lui attribuer un rôle actif, à côté du calcium, pour la fixation de l'azote. En effet, le potassium fixe de l'azote chez les végétaux, mais apparemment d'une manière toute différente que le calcium ; on admet jusqu'à présent que le potassium fixe l'azote à l'état de combinaison minérale sous la forme d'azotates ; peut-être apprendrons-nous un jour prochain que le potassium fixe l'azote d'une autre façon ; déjà on met en lutte les microbes dénitrificateurs avec les microbes nitrificateurs ; d'après ce que je vous ai dit des derniers, vous présumez ce que je pense des premiers.

La fixation directe de l'azote par le calcium ne saurait faire le moindre doute ; Lawes et Gilbert en ont fait la démonstration, ou pour mieux dire cette démonstration découle nettement des analyses de ces savants agronomes.

Le calcium, à l'état d'oxyde, est la dominante minérale du trèfle, aussi le trèfle est-il plus riche en azote que le froment dont la dominante minérale est le potassium, cependant qu'ils sont cultivés tous deux dans le même terrain préparé avec la même quantité d'engrais de même nature. (*Journal d'Agriculture pratique*, t. i, n° 18, p. 565.)

Le calcium fixe l'azote, et quand il l'a fixé il le retient par ses propriétés chimiques ; cette qualité du calcium nous touche de près ; elle nous fait comprendre comment des hommes soumis à une reminéralisation calcique, calculée selon leur besoin, reprennent de la force musculaire et aussi de la force morale.

Nous nous trouvons fort loin, en apparence, du moins, de notre liquide de culture n° 2 ; dans ce liquide de culture, je l'ai déjà rappelé plusieurs fois, la récolte a été de plus de 65 % plus grande que la récolte du liquide de culture n° 1, auquel il est comparable. Le lithium paraît avoir eu une influence considérable sur le développement de la récolte ; cette influence, nous l'attribuons à l'action absorbante de l'azote par le lithium et à son action purement chimique qui a rendu solubles et assimilables les éléments constituants de minéralisation du liquide de culture n° 2 ; nous avons vu, d'ailleurs, que la constitution, le port de la mucédinée élevée au contact du lithium différait sensiblement de la constitution et du port des autres mucédinées placées dans les autres liquides de culture.

Le lithium seul, en contact avec nos mucédinées, n'a cependant pas donné de brillants résultats. Sur cinq expériences, faites avec cinq métaux différents, le lithium se trouve occuper le quatrième rang ; néanmoins, le lithium a utilisé, après le calcium, le plus de saccharose et nous avons constaté que le rendement, dans notre première série d'expériences, n'était pas en rapport avec le poids du saccharose consommé. Il est nécessaire que le lithium soit accompagné d'autres éléments de minéralisation pour produire une action biodynamique marquée ; d'où nous pouvons déduire que le lithium n'est pas une *spécificité* propre de minéralisation pour nos mucédinées, *spécificité* que nous avons trouvée si nette, si caractérisée dans le calcium et le magnésium.

Les mucédinées dont nous nous sommes servi pour nos expériences étaient des *penicillium*, du *penicillium luteum* notamment, et des *aspergillus*. Vous avez pu suivre jusqu'à présent le développepement de nos expériences sans connaître la qualité des mucédinées sur lesquelles portaient les expériences, car à aucun moment de la végétation des mucédinées dans les différents liquides de culture, je n'ai remarqué que les penicillium fussent plus favorisés que les aspergillus ou que la végétation des aspergillus fût plus intense que la végétation des penicillium ; il n'en sera plus de même dans le liquide de culture n° 4 ; nous entrons dans une nouvelle phase de la végétation de nos mucédinées. Le liquide de culture n° 4 contient du zinc ; il contient 0 gr. 02 de sulfate de zinc. La composition du liquide de culture n° 4 ne diffère de la composition du liquide de culture type, n° 1, que par la présence du zinc, du sulfate de zinc.

Je ne vous apprendrai rien de nouveau en vous disant que le sulfate de zinc est très soluble et que le carbonate de zinc est peu soluble ; en effet, le carbonate de zinc ($ZnCO^2 + H^2O$) se dissout à la température ambiante, dans la proportion de 0 gr. 005 dans 100 grammes d'eau ; le carbonate basique de zinc ($Zn^5(H^2O^2)CO^3)^2$ se dissout dans la proportion de 0 gr. 002 dans 100 grammes d'eau, à la température ambiante.

Vous vous rappelez que nos liquides de culture contiennent, entre autres sels, un carbonate alcalin ; ce carbonate alcalin, le carbonate de soude, agira sur le sulfate de zinc et nous aurons un carbonate de zinc précipité et du sulfate de soude en dissolution ; la quantité de zinc contenue dans le sulfate nous fournira un précipité de 0 gr. 009 de carbonate de zinc en ($ZnCO^3$, H^2O) ; ce carbonate de zinc ne peut pas être solubilisé dans le liquide de culture par le phosphate d'ammoniaque ; à la température ambiante l'eau du liquide de culture est capable de dissoudre un peu plus de la moitié du carbonate de zinc précipité par le carbonate de soude.

La présence d'un sel de zinc apporte une perturbation considérable dans notre liquide de culture

n° 4. Au neuvième jour de la culture, alors que le
saccharose a presque disparu dans les autres liquides de culture, il n'en reste même plus dans le
liquide n° 2, il reste 1 gr. 014 de sucre dans le
liquide de culture n° 4, un peu plus de la moitié du
sucre initial ; le liquide de culture n° 4 est le plus
acide après le liquide de culture n° 1 ; ce fait semble démontrer qu'il se produit, au sein du liquide de
culture n° 4, une préparation à la végétation, que
le glucose provenant du dédoublement du saccharose a été employé par les mucédinées à fabriquer
des acides organiques plutôt que de la cellulose ;
d'ailleurs, la fabrication des acides est puissamment
aidée par la minéralisation du liquide de culture
n° 4, commune aux autres liquides de culture, et
pendant que se fabriquent les acides organiques, la
végétation marche avec lenteur ; vous vous souvenez de l'inertie de nos mucédinées au contact unique d'un sel de zinc insoluble, durant notre pre·
mière série d'expériences ; il ne paraît donc pas
douteux que ce soient les autres éléments de minéralisation du liquide de culture n° 4 et non la présence du zinc seul qui favorisent la formation des
acides organiques ; la végétation semble gênée, soit
par une trop grande acidité du milieu de cultur e
ce que nous ne pouvons pas admettre, car avec une
acidité plus intense, toute la molécule du saccharose

a été scindée dans le liquide de culture n° 1, soit par la présence seule d'un sel de zinc. La vérité est qu'il se livre au sein du liquide de culture n° 4 un combat des plus intéressants pour nous. Dans cette mer immense qu'est notre cristallisoir par rapport à la dimension des combattants, le combat est acharné ; dès les premiers moments, pendant les premiers jours, les *penicillium* luttent avec avantage ; ils paraissent hâter leur développement afin d'étouffer leurs ennemis avant que le zinc dissous ne vienne paralyser leurs forces ; mais l'acidité du milieu de culture augmentant, le zinc se dissout en entier, graduellement, et les *aspergillus* apparaissent, accablant de leur puissance végétative favorisée par le zinc, les pauvres *penicillium* qui perdent de leur vigueur organique, qui succombent presque sous le poids des envahisseurs ; tel est le terrible combat auquel j'ai assisté dans un tout petit coin de mon tout petit laboratoire, combat, lutte acharnés pour l'existence. Ah ! si j'avais pu venir au secours de mes *penicillium* avec un tant soit peu d'argent, car dans la lutte des *penicillium* contre les *aspergillus*, l'argent est, comme pour les mortels, le nerf de la guerre, mes *penicillium* eussent fait reculer les envahisseurs, et fussent restés maîtres de leur sol ; ils auraient vécu dans un sol mal préparé pour eux, sans doute, mais compatible avec leur existence, à côté des *aspergillus* indifférents, sinon domptés.

Voilà un exemple de la lutte pour l'existence bien caractérisé ; à qui reste la victoire ? A celui qui, *toutes les autres circonstances demeurant les mêmes*, à celui qui rencontre la minéralisation la plus appropriée contre celui qui se trouve en présence d'une minéralisation moins biodynamique, soit par défaut d'éléments de minéralisation suffisants, soit par l'absence d'un élément de minéralisation secondairement spécifique, d'une spécialité de minéralisation, tel que le lithium dans notre liquide de culture n° 2, par exemple. Le zinc seul, nous l'avons vu, n'exerce aucune action sur la végétation ni des *penicillium* ni des *aspergillus* tant qu'il reste seul, tant qu'il reste insoluble ; le zinc n'est point, même pour les *aspergillus*, une spécificité de minéralisation ; tout comme le lithium qui, au contact d'autres éléments de minéralisation, favorise grandement le développement des *penicillium*, le zinc, également au contact d'autres éléments de minéralisation, favorise le développement des *aspergillus*. Le lithium, le zinc sont des *spécialités* de minéralisation.

Si la lutte pour l'existence est un des modes de la sélection naturelle, je puis dire que la sélection se fera à l'avantage du mieux, je ne dis pas du plus, mais du mieux minéralisé.

Malgré l'action de la minéralisation unique si caractéristique dans sa *spécificité* pour quelques-uns des éléments de minéralisation, les éléments de minéralisation nouveaux ajoutés aux éléments de minéralisation de *spécificité* deviennent de puissants auxiliaires de la végétation, de telle sorte qu'ils semblent pouvoir donner le change sur leur valeur au point de vue de la *spécificité* de minéralisation ; c'est que la minéralisation des êtres vivants est multiple, aussi l'influence des *spécificités secondaires*, des *spécialités* de minéralisation, acquiert-elle une grande valeur.

Telle minéralisation qui n'excite pas la vie peut devenir une minéralisation puissamment biodynamique par l'adjonction d'un élément de minéralisation déterminé ; telle minéralisation qui compromet la *spécificité* de minéralisation d'un élément cellulaire déterminé favorisera grandement l'activité de la *sépcificité* d'un autre élément cellulaire pourvu d'un autre élément de minéralisation déterminé. C'est pourquoi le zinc seul n'a pas plus excité la végétation des *aspergillus* que celle des *penicillium* lors de nos premières expériences et qu'il a fait monter au-dessus de tous les autres, le rendement de la récolte du liquide de culture n° 4, à la faveur d'une minéralisation multiple, pendant nos dernières expériences.

MINÉRALISATION ET POUVOIR ROTATOIRE
DES SÉRUMS

PREMIÈRE LEÇON (1).

Du pouvoir rotatoire des sérums
et de ses relations
avec leur minéralisation.

Messieurs,

Vous qui m'écoutez, vous vivez encore sur le pré-
jugé atavique que la chair, la matière azotée, la
matière organique est la substance primordiale des
êtres vivants ; vous considérez la matière minérale
comme négligeable, dans la vie, parce que vous la
tenez pour accidentelle dans la constitution des
êtres vivants ; vous nous concédez, il est vrai
— comment pourriez-vous faire autrement ! — que
la matière minérale devient l'ossature des êtres

(1) Les principales parties de cette leçon ont été re-
cueillies par mon préparateur le docteur J.-J. Gaube (du
Gers) et publiées, à part, chez Maloine, avec mon auto-
risation.

vivants, ossature sur laquelle... un Dieu et la Nature plus forte, *Deus et melior Natura...* (*Ovide, Métamorphoses,* liv. I) a modelé et peint les différentes formes de la vie.

La matière minérale soutient la vie, sans doute, mais la matière minérale n'est pas seulement une cariatide humiliée, soutenant les entablements sculptés de la vie ; elle est les fondements, elle est le mobile de la vie. La chair, la matière azotée, la matière organique cède le pas à la matière minérale dans la vie. La matière minérale est la raison intime de tous les phénomènes ressortissant à la chimie biologique proprement dite. C'est pourquoi, je m'efforce, selon mes faibles moyens, selon mes modestes ressources, d'édifier cette science des rapports de la matière minérale avec la matière organisée, que j'ai appelée la *Minéralogie biologique.*

Quelle est la fonction de la matière organique, de la matière protéique, en général ? La matière protéique, la matière organique est, comme je vous l'ai déjà fait remarquer, *à maintes reprises,* essentiellement composée de métaux électro-positifs, de métalloïdes, corps capables de former uniquement des composés neutres ou des composés acides par leur union avec l'oxygène. Or, on peut affirmer, d'une manière générale, que l'acidité est incompa-

tible avec la vie, car il faut distinguer l'effet d'avec
la cause, l'acidité initiale des milieux, incompa-
tibles avec la vie, de l'acidité épiphénoménale des
actes vitaux ; voilà pourquoi les oxydes métalliques sont les bases de la vie ; les oxydes des métaux
alcalins sont, d'ailleurs, des agents puissants
d'*ammonisation* de la matière azotée.

Il faut bien savoir que, en dehors de la matière
organique, corps ternaire, de la matière azotée
corps quaternaire, en dehors des métaux proprement dits, la minéralogie biologique ne se désinté-
resse pas des métalloïdes dans la recherche de la
minéralisation des êtres vivants ; la minéralogie biologique tient grand compte de leur présence dans
l'organisme, soit qu'elle les rencontre sous la forme
de sels halogénés, soit qu'elle les rencontre sous la
forme de combinaisons organiques proprement
dites, substitués à l'hydrogène ou à un radical organique. L'heureuse tentative que nous avons faite,
pour la cure des maladies bactériennes aiguës,
d'une solution d'un iodure organique, obtenu par
substitution de l'iode à l'hydrogène, et d'un iodure
métallique, en combinaison multiple, tentative
basée sur l'absence de l'iode chez les bactériacées,
démontre suffisamment l'importance que nous atta-
chons à la présence des métalloïdes au milieu ou
à côté des corps ternaires ou quaternaires : tel est

le cas de l'iode dans la thyroïde (Bauman), de l'arsenic dans la thyroïde (A. Gautier), du phosphore dans la caséine (Béchamp), qui, de corps azotés quaternaires, deviennent des corps composés de cinq éléments métalloïdes, de six éléments métalloïdes, des corps penténaires, des corps hexénaires.

Les corps neutres formés de métalloïdes, l'amidon par exemple, sont fonctions d'acides ; la matière albuminoïde elle-même. exclusivement composée de métalloïdes, peut-être considérée comme un acide ou comme une réunion d'acides amidés, à fonctions multiples, et de faible basicité ; malgré le taux élevé de leur poids moléculaire, la basicité des acides organiques, à fonctions multiples, est faible ; ce fait répond à l'objection quotidienne des adversaires de la reminéralisation, de la restitution minérale. La matière minérale ne se fixe pas ou se fixe en de très faibles proportions dans les organismes, dit-on; eh! sans doute, car la matière minérale est fixée au *prorata* des basicités des fonctions acides qu'elle rencontre; un exemple vous fera mieux comprendre ma pensée. Prenez un acide organique à fonctions multiples, de poids moléculaire élevé, à basicité faible, l'acide sarcolactique qui est un des produits de la transformation de l'amidon animal, du glycogène, pendant le travail musculaire ; dissolvez cet acide dans l'eau, ajoutez à la solution un oxyde métallique ; un poids léger d'oxyde se combinera avec l'acide sarcolactique parce que la basicité de cet acide est faible ; vous retrouverez, dans la solution, une masse de base qui n'aura pas été combinée ; pouvez-vous nier, néanmoins, la combinaison d'une minime quantité de base avec l'acide ; êtes-vous autorisés à dire que l'acide sarcolactique ne retient pas de base parce que la quantité de cette base que vous retrouvez à l'état de liberté dans la solution est hors de proportion avec le poids de cette même base combinée avec l'acide sarcolactique ? Non, assurément.

La matière protéique est *bi-basique* ; il existe aussi des lactates bi-basiques dans lesquels l'hydrogène basique et l'hydrogène alcoolique sont remplacés par un métal.

Ar. Gautier (*Chimie biologique*, p. 122) estime que 0 gr. 00573 de soude neutralisent, saturent l'acidité d'un gramme d'albumine sèche ; le poids moléculaire de cet albuminate de soude nous indique qu'il est constitué par 0 gr. 9947 d'albumine et par 0 gr. 0053 de soude (1). L'albuminate de chaux est composé de 0 gr. 00466 de chaux et de

(1) Le pouvoir rotatoire de cet albuminate varie d'une albumine à l'autre ; il est plus petit avec l'albumine du blanc d'œuf qu'avec l'albumine du sérum.

0 gr. 99534 d'albumine, c'est-à-dire que la masse totale des muscles d'un homme de moyenne taille serait complètement saturée au repos, par 116 gr. 50 de chaux ; mais la potasse, la magnésie, la soude, le manganèse, le fer, l'alumine, etc., remplacent atomiquement une grande partie de la chaux et concourent à la formation d'autant de combinaisons albumino-minérales dont la faiblesse du poids augmente la diffusion qui multiplie leur activité.

La basicité de la matière protéique étant la plus faible parmi les basicités des acides de l'organisme, et la matière protéique constituant, en dehors du squelette, de l'eau, la totalité de la substance dont sont composés les représentants du règne animal, il nous est facile de comprendre pourquoi l'organisme retient et utilise peu de matière minérale.

La fixation de la matière minérale dans les organismes étant démontrée par l'usage, par l'expérimentation et par l'analyse, on se retranche derrière cette formule: *la matière minérale ne peut être fixée chez un être vivant, qu'autant qu'elle provient d'une combinaison organique ou azotée déjà vitalisée, qu'autant qu'elle provient d'un autre être vivant.*

Lorsque la matière minérale arrive au contact des surfaces absorbantes, ou bien elle est accompagnée de matière organique, de matière azotée, et c'est combinée, à cause de ses propriétés intrinsèques, à la matière organique ou à la matière azotée qu'elle pénètre dans l'organisme au gré du potentiel osmotique de la combinaison minérale organique ou azotée ; ou bien, la matière minérale poussée par la force du potentiel osmotique pénètre seule les surfaces absorbantes au contact desquelles elle subit plus ou moins les effets de la dissociation et se combine, dès sa pénétration, avec la matière organique ou la matière azotée préexistantes puisqu'il n'existe point de matière minérale libre, en activité vitale, dans l'organisme, pas même, quoi qu'on ait dit (Rabuteau, Merget), du mercure (Justus). En effet, la matière minérale insoluble est solubilisée par la matière organique ou la matière azotée ; la matière minérale se rencontre toujours en combinaison organique ou azotée dans l'organisme qui sait se débarrasser des excédents, comme Bunge (*Cours de chimie biologique*, traduction du docteur Jaquet, p. 109 et suiv.) l'a démontré pour les sels de potassium.

Si la matière minérale provenant de substances organiques ou azotées vitalisées qui l'accompagnent paraît se fixer plus efficacement, c'est, non point à cause de sa combinaison organique ou azotée, mais parce que la matière minérale est ainsi présentée à la nutrition, choisie, sous un poids moléculaire en rapport avec la constitution des individus, choix et poids moléculaires déterminés par la vie que vient de vivre cette matière minérale dans un organisme sensiblement comparable au nôtre : c'est là un avantage, mais un avantage dangereux parfois, lorsque, à la faveur de la matière minérale, un excès de matière azotée s'introduit dans l'organisme.

Je vous ai démontré dans les précédentes leçons, que la reminéralisation ne peut pas s'opérer directement par l'alimentation à cause de la conformation du tube digestif de l'homme, et parce que la chair des animaux contient un poids d'azote exagéré, et parce qu'elle contient, pour ce poids d'azote, un poids de matière minérale absolument insuffisant : l'adjonction de matière minérale, sous une forme appropriée, à l'alimentation, est indispensable ; cette matière minérale d'origine extra-alimentaire s'absorbe comme la matière minérale d'origine alimentaire, nous venons de le voir, en combinaison avec la matière organique et avec la matière azotée ; elle se fixe, cette matière minérale, et sa fixation se traduit, pour les individus, par un surcroît d'énergie intellectuelle et physique, c'est-à-dire en des termes qui peuvent se peser, se mesurer.

La qualité de l'oxyde, de la base ajoutée à la solution de l'acide sarcolactique, dont je vous parlais tout à l'heure, ne sera pas indifférente. Traité par le

permanganate de potasse, l'acide sarcolactique fournit de l'acide *malonique* $CH^2(CO^2H)^2$; traité par
l'oxyde puce de plomb; il fournit de l'acide *oxalique*
$(CO^2H)^2$ 2 aq.; à des minéralisations diverses correspondent des transformations diverses de la matière organique ; le manganèse et la potasse n'agissent point sur l'acide sarcolactique comme le plomb,
et réciproquement.

Les albuminoïdes peuvent se scinder en fixant
de l'eau, c'est-à-dire en s'hydratant. L'hydratation
et le dédoublement des albuminoïdes sont plus ou
moins complets suivant la nature de l'agent d'hydratation et les conditions de son emploi. Toutes
conditions de durée, d'atomicité, etc., demeurant
égales, l'action des bases alcalines sur les albuminoïdes donne des produits d'hydratation différents
de ceux fournis par l'action des bases terreuses ;
ce qui signifie que le potassium, le sodium, n'attaquent pas les substances albuminoïdes comme les
attaquent le calcium, le baryum, etc. ; que le potassium, le sodium, le calcium, le baryum tirent
chacun, des albuminoïdes, de proportions différentes de corps identiques et des corps divers.
Les oxydes métalliques, les bases, ne sont pas les
seuls corps qui hydratent les albuminoïdes; les
acides sont capables d'hydrater les matières protéiques, mais l'hydratation, le dédoublement de la

matière protéique par les acides sont moins accusés, moins profonds que l'hydratation, le dédoublement produit par les bases.

Remarquez bien que ce ne sont point les albuminoïdes qui modifient les propriétés de l'agent hydratant, mais que l'agent hydratant, au contraire, modifie les propriétés des albuminoïdes. Il en est de même, d'ailleurs, de l'action hydratante des oxydes métalliques sur les corps organiques, en général ; la baryte, par exemple, dédouble le myronate de potassium, *sans le secours de la myrosine*, et provoque la formation d'essence de moutarde ; les bases alcalines fournissent, au contact du myronate de potassium, du glucose mais elles ne fournissent pas d'essence de moutarde.

Lorsqu'on fait agir la potasse sur l'acide oxybenzoïque (C^6H^4mOH,CO^2H) on obtient l'acide paraoxybenzoïque (C^6H^4pOH,CO^2H) ; lorsqu'on fait agir la soude sur l'acide oxybenzoïque (C^6H^4mOH,CO^2H) on obtient l'acide salicylique (C^6H^4oOH,CO^2H) ; le milieu minéral préside donc aux transformations de la matière organique, azotée ou non azotée ; c'est pourquoi l'être vivant n'est pas indifférent au milieu minéral.

Les propriétés physiologiques des albuminoïdes attaqués par la soude ne sont point les mêmes que les propriétés physiologiques des albuminoïdes attaqués par la potasse, la chaux, la magnésie ou la baryte ; les produits d'hydratation des albuminoïdes par les acides, en outre qu'ils sont limités, n'ont point les mêmes propriétés physiologiques que les produits d'hydratation des albuminoïdes par les bases ; les propriétés physiologiques de l'acide salicylique résultant de l'action de la soude sur l'acide métaoxybenzoïque diffèrent des propriétés physiologiques de l'acide paraoxybenzoïque résultant de l'action de la potasse sur le même acide métaoxybenzoïque.

Les dédoublements de la matière azotée ont lieu, dans la vie, et même en dehors de la vie, au contact de l'oxygène ; l'oxygène s'unit à l'hydrogène pour former de l'eau qui devient un agent puissant de dédoublement de la molécule albuminoïde, ou bien il se fixe par oxydation ; c'est encore la matière minérale, sous la forme de métaux, dont les plus connus sont le fer, le cuivre et le manganèse, qui est chargée de porter, au sein des tissus, l'oxygène destiné aux combustions vitales.

Que la matière organique, que la matière azotée soit transformée par hydratation ou par oxydation, nous voyons partout et toujours la matière minérale comme l'auteur véritable de cette transformation. La chaux, la magnésie, la baryte sont des agents puissants d'hydratation ; les métaux manganèse, fer et cuivre, sont des agents puissants d'oxydation ; les premiers sont des ferments hydratants, les seconds sont des ferments oxydants quelle que soit la molécule organique à laquelle ils sont liés. *En un mot, toutes les réactions qui aboutissent à la vie dans les organismes, se font sur la matière minérale.*

L'hydratation et l'oxydation sont, d'ailleurs, des actions sœurs ; nous voyons, à chaque instant, les deux éléments constitutifs de l'eau hydrater et oxyder simultanément deux molécules juxtaposées. Ainsi, les bases hydratantes peuvent devenir indirectement des agents d'oxydation et les métaux oxydants des agents indirects d'hydratation ; c'est avec de telles ressources que la vie peut se soutenir, parfois, dans les conditions les moins favorables.

Nous savons que la matière minérale se rencontre chez les êtres vivants sous deux états différents : 1° à l'état de combinaison immédiate avec la matière organique, avec la matière azotée ; en cet état elle constitue ce que l'on appelle les ferments solubles ou diastases ; (*Cours de minéralogie biologique*, 2ᵉ série) ; 2° à l'état de sels solubilisés par la matière organique, par la matière azotée, ou à l'état de sels portant en solution la matière organique, la matière azotée. (Fernet, *Thèse* de doctorat ès sciences.) En ces deux états différents de combinai-

son avec la matière organique, la matière minérale
vient ajouter aux qualités qui sont propres à la matière organique, à la matière azotée, un certain
nombre de qualités physiques telles que la variation
du potentiel osmotique, la variation du degré de
congélation, du pouvoir rotatoire, etc. Je vous en-
tretiendrai, dans les leçons de cette année, de la
relation du pouvoir rotatoire des sérums vivants
avec leur minéralisation.

Les sérums des animaux possèdent la propriété,
commune à un grand nombre d'autres liquides ou
d'autres dissolutions, de *tourner* le plan de la pola-
risation ; ils possèdent ce que l'on appelle le *pouvoir rotatoire*. (Biot ; Gernez.)

Le pouvoir rotatoire des matières albuminoïdes,
écrivai-je en 1893 (*Arch. gén. de Méd.*, mars 1893,
*Essai d'une classification biochimique des matières
albuminoïdes*), précieux auxiliaire dans l'étude des
albuminoïdes, ne convient pas à une classification
de ces substances, car le nombre des combinaisons
de la matière protéique avec la matière minérale
est presque infini et le pouvoir rotatoire des matières albuminoïdes, qui est une résultante, ne révèle
point la nature des combinaisons albumino-minérales.

Le pouvoir rotatoire des albuminoïdes des sérums et du blanc d'œuf est lévogyre ; la grandeur

de ce pouvoir rotatoire est éminemment variable comme nous le verrons ; cette grandeur variable résulte : 1° *de la présence dans les albuminoïdes des sérums et du blanc d'œuf de corps optiquement inactifs ; 2° des multiples combinaisons des albuminoïdes avec la matière minérale ; 3° de la présence dans les sérums et le blanc d'œuf de corps optiquement actifs et déviant à droite le plan de la lumière polarisée ; 4° de la concentration des sérums et du blanc d'œuf.*

Je n'ai pas pu rattacher la grandeur de l'angle de rotation des albumines du blanc d'œuf ou des albumines des sérums, prises dans leur ensemble, ni à leur poids moléculaire, ni à leur coefficient de diffusion, etc., isolément.

La matière minérale change, par ses combinaisons avec elles, la grandeur de l'angle de rotation des albumines du blanc d'œuf et des sérums prises sous un poids constant, en solution dans un même volume d'eau, à la même température.

L'albumine n'est point la seule substance à fonction acide, douée du pouvoir rotatoire, dont l'angle de rotation soit influencé par sa combinaison avec les bases minérales. Un gramme d'acide tartrique, par exemple, dissous dans 100. cmc. d'eau à $+15°$ C. donne, sous une épaisseur de *dix centimètres*, un angle rotatoire droit de $1/2°$ 6' ; le même poids d'acide tartrique combiné avec la soude, dissous dans 100 cmc. d'eau, fournit, à la même température, sous une même épaisseur, un angle de rotation de $1° 28'$ à droite.

La grandeur du pouvoir rotatoire de l'acide tartrique varie avec la concentration de ses solutions (1). Dans le cas actuel, la concentration de la solution de l'acide tartrique est la conséquence de la présence de la soude combinée avec l'acide tartrique ; de telle sorte que la concentration de la solution de l'acide tartrique ne provient pas d'une masse plus grande d'acide tartrique ajoutée au dissolvant, mais de la présence, dans la solution, de la soude en combinaison avec l'acide tartrique (2).

Pour les albumines, douées du pouvoir rotatoire, qui sont des sels instables, mais qui sont indiscutablement des sels, les phénomènes de concentration

---

(1) Les tartrates neutres ont un pouvoir rotatoire plus grand que les tartrates acides ; les tartrates doubles ont un pouvoir rotatoire plus grand que les tartrates neutres ou acides.

(2) En ce cas, la concentration de la solution n'influence pas seule le pouvoir rotatoire ; le pouvoir rotatoire est « la résultante des déviations dues, d'une part, au sel non décomposé, et, d'autre part, au sel décomposé ; la décomposition de celui-ci peut se faire ou bien en *ions*, ou bien en *acide* et en *base.* » (Hantzsch, *Précis de Stéréochimie*, Trad. de Ph. A. Guye et M. Gautier, p. 92.)

ou de dilution de leurs solutions sont plus complexes. En effet, l'albumine du blanc d'œuf ou du sérum est un corps composé de plusieurs éléments doués du pouvoir rotatoire et combinés en proportions variables avec des oxydes métalliques ou des sels métalliques différents ; le pouvoir rotatoire du blanc d'œuf ou du sérum est, pour une large part, l'expression du pouvoir rotatoire propre des diverses combinaisons minérales des albumines qui les constituent. En fait, nous ne connaissons pas le pouvoir rotatoire proprement dit des albumines, mais les manifestations de ce pouvoir rotatoire dans des états différents de minéralisation de l'albumine, car on n'arrive jamais à déminéraliser complètement l'albumine.

Prenons un volume connu d'un sérum animal, 160 cmc., je suppose ; ajoutons directement à ce sérum 0 gr. 50 *d'oxalate d'ammonium* dont le poids moléculaire est 142 et le taux de dissolution 33 0/0 à + 15°C. ; il se forme un précipité dans le sérum et l'angle de rotation de ce sérum *tombe* de plusieurs minutes : ajoutons à un même volume du même sérum, à la même température, 0 gr. 50 de *carbonate de potassium* dont le poids moléculaire est 138 et le taux de dissolution 91 0/0 ; il se forme, dans le sérum, un précipité beaucoup plus abondant que le précédent et l'angle de rotation du sérum *monte* de plusieurs minutes ; mais, tandis que, avec *l'oxalate d'ammonium*, l'angle de rotation descend de 0° 10', il ne monte que de 0° 4' avec le *carbonate de potassium*.

Si nous faisons agir un *même poids* de chlorures alcalins et de chlorures terreux sur un même volume d'un même sérum, nous obtenons des angles de rotation qui vont en décroissant, donnant une différence totale de 0° 12' du chlorure de potassium au chlorure de magnésium ; l'action des chlorures sur l'angle de rotation des sérums, les range dans 'ordre suivant :

CHLORURES	POIDS MOLÉCULAIRE
Chlorure de K	74
— de Ca	110
— de Na	58
— de Mg....	94

Les mêmes chlorures pris, poids moléculaire pour poids moléculaire, à l'état anhydre, exercent leur action sur le pouvoir rotatoire d'un même volume de sérum, dans le même ordre.

La matière minérale influence donc par sa qualité et par son poids le pouvoir rotatoire des sérums.

Prenons un poids connu d'albumine fraîche d'un blanc d'œuf ou d'un sérum, dissolvons-le dans un volume déterminé d'eau distillée ; filtrons à la trompe sous un vide faible ; refiltrons ensuite sur papier Berzelius dans un entonnoir à filtration rapide ; avant l'addition d'eau distillée, l'angle de rotation du blanc d'œuf était de $1/2° 14'$; après l'addition d'eau et filtration, l'angle de rotation du même blanc d'œuf est de $1/2° 10'$; l'eau ajoutée à un blanc d'œuf agit sur la valeur du pouvoir rotatoire de ce blanc d'œuf.

Prenons un même poids d'albumine fraîche d'un autre blanc d'œuf, traitons-le comme précédemment et nous verrons que l'angle de rotation du blanc d'œuf qui était de $1/2° 18'$ avant l'addition d'eau et filtration est tombé à $1/2° 10'$; tandis que dans la première expérience l'albumine ne perd que 4', elle perd le double, 8', pendant la deuxième expérience. Les corps précipitables par l'eau étaient donc plus abondants dans l'albumine de la deuxième que dans l'albumine de la première expérience ; les corps modifiés par l'eau étaient autres dans la deuxième que dans la première expérience.

Une partie des corps précipités des albuminoïdes par l'eau est insoluble dans les acides et dans les alcalis faibles ; elle abandonne, par incinération, des cendres principalement composées de phosphate et de carbonate de chaux.

Cette expérience de comparaison qui permet de ramener deux albumines de pouvoir rotatoire d'iné-gale grandeur à un angle de rotation d'égale ouver-ture ne se réalise pas toujours avec la même préci-sion, car les corps optiquement inactifs des albu-mines ne sont pas seuls à influencer la grandeur de leur angle de rotation.

Quand on mélange directement aux albumines du blanc d'œuf ou des sérums un grand excès de *sulfate d'ammonium* et que l'on place le mélange sur le filtre à trompe, le liquide qui passe par filtration est clair ; il dévie à droite la lumière polarisée et donne, au polarimètre, un angle de rotation très net ; ce corps dextrogyre est à peu près exclusive-ment composé de glycose droite ; cependant, le sulfate d'ammonium entraîne une très minime quantité d'albumine qui semble douée d'un pouvoir rotatoire dextrogyre ; en effet, lorsqu'on fait tomber une ou deux gouttes d'acide azotique dans la solution saturée de sulfate d'ammonium, il se forme un louche très léger et le pouvoir rotatoire droit décroît de deux minutes ; peut-être ne faut-il voir là que l'effet d'une action chimique de l'acide azotique sur le corps dextrogyre.

La propriété que possèdent les sérums de faire

tourner le plan de la lumière polarisée dans un sens déterminé est plus précieuse pour le physicien que l'action elle-même qu'ils exercent sur la lumière polarisée. En effet, d'après les belles théories de Vant'Hoff et Le Bel, de Le Bel surtout, il existe une relation intime entre le pouvoir rotatoire des corps et la disposition de leurs atomes ; dans tout corps doué du pouvoir rotatoire se trouve au moins un *carbone asymétrique* uni à quatre atomes ou groupes différents.

L'orientation des mouvements vibratoires dans les molécules des sérums animaux, pour nous servir d'une expression de Berthelot, est toujours la même ; tous leurs atomes regardent les carbones asymétriques gauches.

La valeur du pouvoir rotatoire des sérums varie avec chaque sérum vu sous une couche de même épaisseur. Le pouvoir rotatoire permet d'affirmer la présence du carbone asymétrique, mais il n'existe aucune relation entre l'ouverture de l'angle de rotation des albuminoïdes et l'état du carbone asymétrique.

La valeur du pouvoir rotatoire provient, en grande partie, de la minéralisation propre à chaque sérum, particulièrement à chaque albuminoïde, en voie de perpétuelles polymérisations.

Dès le début de mes expériences, je me suis de-

mandé si je devais calculer le pouvoir rotatoire des
sérums d'après la formule de Biot, c'est-à-dire, si
je devais calculer le *pouvoir rotatoire moléculaire*
sous une épaisseur unité de 0^m10, d'une densité
égale à l'unité et pesant le poids de l'unité; ou bien,
s'il n'était pas préférable pour le genre d'études.
toutes de comparaison, que nous poursuivons, et à
cause de la nature même des substances que nous
étudions, de mesurer simplement en degrés et en
minutes, sous une couche de même épaisseur, l'angle
de déviation polarimétrique des divers sérums; je
me suis décidé à calculer le pouvoir rotatoire des
sérums tels qu'ils se présentent, à la suite de la coagulation spontanée du sang, sous une couche
d'épaisseur qui permet la plus grande visibilité,
parce que l'addition seule du meilleur des dissolvants, de l'eau, change la valeur normale de leur
pouvoir rotatoire naturel, si je puis m'exprimer
ainsi, parce que je place en face du pouvoir rotatoire naturel de chaque sérum, sa densité, l'eau,
l'extrait sec, le poids de la matière organique et de
la matière minérale, le poids des éléments de minéralisation qui entrent dans sa constitution.

La valeur du pouvoir rotatoire du sérum de
la femme diffère de la valeur du pouvoir rotatoire
du sérum de l'homme; la valeur du pouvoir rotatoire du sérum des oiseaux diffère de la valeur du

pouvoir rotatoire du sérum des mammifères, et chez les uns comme chez les autres la valeur du pouvoir rotatoire du sérum des mâles diffère de la valeur du pouvoir rotatoire du sérum des femelles.

Les différences de valeur du pouvoir rotatoire du sérum des variétés dans l'espèce ne m'ont pas paru plus accentuées que les différences de la valeur du pouvoir rotatoire des sérums de deux ou plusieurs individus de la même espèce ; cela tient, sans doute, à ce que je n'ai pas eu à ma disposition un assez grand nombre de sujets des variétés d'une même espèce ; je me borne à constater le fait.

La minéralisation change la valeur du pouvoir rotatoire des albuminoïdes ; le fait expérimental n'est pas contestable. Je ne prétends pas, absurdement, que la matière minérale soit la cause directe de la déviation des rayons polarisés, mais je maintiens que de la minéralisation dépend le groupement moléculaire des substances polarisantes, que, capable de modifier la valeur des ondes vibratoires des corps polarisants, la minéralisation oriente à leur origine, les atomes des substances organiques ou organisées, témoin : la *Perséite*.

Le pouvoir rotatoire des corps synthétiques n'est pas en opposition avec cette manière de voir, car la réaction des substances organiques ou organisées mises en présence est nulle dans les milieux ambiants,

dans nos laboratoires, sans l'intervention de forces
extérieures; elle serait nulle aussi, dans la nature,
sans l'intervention de ferments oxydants ou hydratants, soit, sans l'intervention de la matière minérale,
base de tous les ferments diastasiques comme je l'ai
démontré, base de ces ferments qui entrent dans
la matière fermentescible, non pas avec la douceur
d'une clé qui ouvre une serrure, comme le dit Fis-
cher, mais par effractions successives ; je vous le
rappelle, les fermentations diastasiques remplacent, dans la nature, la puissance ou la brutalité
des forces dont nous pouvons disposer dans nos
laboratoires. D'ailleurs, ayant pour but la mesure,
dans des conditions données, d'une des qualités
physiques du groupement moléculaire interne du
carbone asymétrique, la mesure du pouvoir rotatoire, nous ne pouvons nous occuper, en ce moment, des différentes déformations du carbone tétraédrique dans les corps naturels ou synthétiques.
C'est tout autre chose que de mesurer le pouvoir
rotatoire de substances organiques définies et de
mesurer le pouvoir rotatoire de corps aussi complexes que les albuminoïdes.

La chaleur est un puissant modificateur du groupement moléculaire des corps ; sous son influence,
certains corps doués du pouvoir rotatoire passent à
l'état de *corps racémiques* ou de corps neutres,

inactifs à la lumière polarisée; les corps racémiques, en se dédoublant, reproduisent les corps actifs droit et gauche.

Portés à $+ 100°$ C. les sérums ne perdent pas leur pouvoir rotatoire ou tout au moins le retrouvent-ils dans un dissolvant approprié ; l'albumine des sérums n'a pas de corps racémique *connu*.

Tous les sérums possèdent, à l'état normal, deux pouvoirs rotatoires : un pouvoir rotatoire gauche et un pouvoir rotatoire droit masqué par le pouvoir rotatoire gauche.

Toutes les protoplasmides possèdent également, à l'état naturel, un pouvoir rotatoire gauche et un pouvoir rotatoire droit.

Le pouvoir rotatoire droit des protoplasmides provient de la présence constante d'un sucre, d'une hexose ou d'une hexobiose généralement. Le pouvoir rotatoire droit apparaît dans les sérums lorsque l'on a complètement précipité tous les albuminoïdes ; dans quelques cas le pouvoir rotatoire gauche du sérum persiste après la précipitation de tous les albuminoïdes ; le pouvoir rotatoire droit des sérums est fort net. La valeur du pouvoir rotatoire droit des protoplasmides varie avec leur qualité ; elle est beaucoup plus accusée, toutes proportions gardées, dans le jaune que dans le blanc de l'œuf des oiseaux.

Le pouvoir rotatoire droit des protoplasmides, tel que nous le connaissons, n'est point un caractère absolu de leur constitution ; cependant, le sucre dextrogyre qui accompagne constamment les albuminoïdes n'est point ni un accident, ni un produit de désassimilation, mais il est l'un des témoins de l'activité des fermentations qui caractérisent les fonctions vitales.

Les hexoses et les hexobioses ne se rencontrent point dans les mêmes milieux albuminoïdes ; il paraît y avoir une relation directe, non seulement entre la nature des albuminoïdes et leur minéralisation, mais encore entre le glucose et la lactose, pour ne parler que de ces sucres-là, et la minéralisation des milieux albuminoïdes. En effet, le glucose accompagne toujours les bases alcalines dans l'organisme et la lactose accompagne toujours les bases terreuses ; ainsi le glucose se rencontre dans les sérums, dans le blanc de l'œuf ; la lactose se rencontre dans le cruor, dans le lait, dans le jaune de l'œuf ; or, vous savez que la fibrine, la caséine, le jaune de l'œuf sont des albuminates calciques, tandis que les sérums et le blanc de l'œuf sont des albuminates alcalins. La relation entre la qualité des sucres qui accompagnent les albuminoïdes et la minéralisation de ces protoplasmides me paraît hors de doute, à l'état normal.

Le pouvoir rotatoire gauche des sérums n'appartient pas aux albuminoïdes dans toutes leurs parties ; le pouvoir rotatoire gauche des sérums peut être augmenté par la présence de lévulose ou de sucre interverti.

Le pouvoir rotatoire lévogyre des sérums peut être masqué sans être détruit et cela sans compensation, sans formation d'un corps racémique connu. Quand on traite, à chaud, les protoplasmides du sérum avec de la lessive de soude, la plus grande partie des albuminoïdes se dissout ; la partie insoluble est faite d'un précipité grisâtre ; ce précipité, insoluble dans l'alcool fort, soluble en partie dans l'eau, presque entièrement soluble dans l'acide chlorhydrique, ne possède aucun pouvoir rotatoire ; il est optiquement inactif ; la solution albumino-sodique qui présente certains caractères des peptones, centrifugée, exempte de précipité, est optiquement inactive ; si l'on ajoute à la solution albumino-sodique, un léger excès d'acide chlorhydrique, il se forme un précipité abondant qui se redissout rapidement, presque en totalité ; le liquide centrifugé dévie à gauche la lumière polarisée ; le pouvoir rotatoire provient, sans doute, d'albuminoïdes qui ont été précipités de la combinaison albumino-sodique par l'acide chlorhydrique et que le chlorure de sodium a solubilisés au moment de sa formation ;

en effet, la solution chlorurée contient de l'albumine ; le pouvoir rotatoire de ces albuminoïdes était
donc masqué dans la solution albumino sodique
sans qu'il se soit formé de corps racémique appa-
rent.

Il est difficile d'expliquer comment le pouvoir
rotatoire de l'albumine traitée, à chaud, par la
soude caustique est masqué sans formation d'un
corps racémique, d'un corps composé d'inverses
optiques, en d'égales proportions, c'est-à-dire sans
la formation d'un corps dextrogyre ; sous l'influence des alcalis, comme sous l'influence des
acides, les albuminoïdes sont hydratés, *peptoni-
sés ;* la formation du chlorure de sodium a déshy-
draté une partie de l'albumine peptonisée et l'a
ramenée ainsi à l'état primitif d'albuminoïde ; le
chlore, c'est un fait connu, est un oxydant des albuminoïdes en présence de l'eau.

L'action de la soude est d'un autre ordre que la
peptonisation, car les peptones conservent le pouvoir rotatoire modifié par l'hydratation, tout comme
est modifié par hydratation (1) le pouvoir rotatoire
de l'acide tartrique. La température augmente
l'amplitude des oscillations atomiques ; ces oscilla-

(1) Béchamp, *Compt. Rend.*, 1856. — Jacobi, *Lieb
ann. Lic.* 272. — Tollens, *Berichte*, t. xxvi.

tions conduisent les atomes, en passant par deux plans perpendiculaires entre eux, selon la théorie de Werner (1), de la symétrie à l'état racémique. Quoi qu'il en soit, j'ai voulu vous montrer, au milieu d'autres causes, l'influence de la matière minérale sur la grandeur du pouvoir rotatoire des substances albuminoïdes, influence niée par Haas (*Chem. Centralb.*, 1876), influence que nous rencontrerons dans chacun des sérums que nous allons étudier.

(1) WERNER, *Vieterlj. d. Zürch Naturf. Gesells.*, t. XXXVI.

DEUXIÈME LEÇON

Messieurs,

Il est une albumine qui paraît s'éloigner considérablement des sérums, par son origine tout au moins, que j'ai étudiée au double point de vue de son pouvoir rotatoire et de sa minéralisation, c'est l'ovo-albumine, l'albumine du blanc d'œuf.

L'ovo-albumine, comme vous le savez, est le produit de la sécrétion des glandes de l'oviducte chez les oiseaux. Ch. Robin considérait l'ovo-albumine comme le type des *mucus* à cause de son origine ; nous savons que l'ovo-albumine se distingue nettement des *mucus* au point de vue chimique. En effet, la *mucine*, au contraire de l'*albumine*, ne se coagule pas par la chaleur ; comme l'albumine, la mucine précipite par les acides, mais elle est soluble dans un excès d'acide.

La différence capitale qui sépare l'albumine du blanc d'œuf de l'albumine des sérums, c'est que la première est un produit de sécrétion animale et que la seconde est un principe immédiat de la constitution des animaux (Ch. Robin).

A propos de l'albumine du blanc d'œuf (1), je

(1) Au moment d'envoyer cette leçon à l'impression, je lis dans les *Comptes-rendus des séances de l'Académie des Sciences*, tome cxxxv, page 133, une très intéressante communication de M. le professeur Ar. Gautier, intitulée : *Existence, dans l'albumine de l'œuf d'oiseau, d'une substance fibrinogène pouvant se transformer*, in vitro, *en membranes pseudo-organisées.*

Dans cette communication, M. le professeur Ar. Gautier rappelle les observations de Melsens ; je rappellerai mes propres études sur le même sujet, études qui se placent entre celles de Melsens (1851) et celles de Ar. Gautier (1902) puisqu'elles datent de 1889.

Dans mon travail manuscrit qui se trouve aux Archives de l'Académie de médecine, intitulé : *Fragments de chimie biologique, animale et végétale*, portant la date du 25 août 1889, je lis ce qui suit à propos de la dialyse du blanc d'œuf :

« Le blanc d'œuf s'est donc partagé par le seul fait
« de la dialyse en trois parties inégales : deux qui sont
« restées en des états différents sur le *septum* et une
« qui a traversé le parchemin.

« Nous désignerons par A la partie liquide qui n'a
« pas diffusé, par B la partie solide qui s'est formée,
« et par C la partie laiteuse en dissolution dans l'eau
« baignant le dialyseur.

« B. La partie B, solide, qui reste sur le dialyseur,

me plais à vous rappeler que j'ai distingué la minéralisation du blanc de l'œuf, de l'ovo-albumine, de
la minéralisation du jaune de l'œuf ; j'ai démontré
que les bases alcalines, la soude et la potasse se
trouvaient à peu près exclusivement dans le blanc
de l'œuf, tandis que les bases terreuses, la magnésie
et la chaux, se trouvaient à peu près exclusivement
dans le jaune de l'œuf (J. Gaube [du Gers], *Congrès
de Pau*, 1892). Ces différentes bases affectent égale-
lement des positions différentes et nettement tran-

« est d'un blanc grisâtre, neutre, insoluble dans l'eau,
« soluble dans le chlorure de sodium, dans les solutions
« de potasse, de soude et leurs sels ; elle est élastique
« et paraît formée, à l'œil nu, de filaments que l'on peut
« facilement isoler les uns des autres ; les solutions
« alcalines précipitent en flocons au contact des aci-
« des ; ce *coagulum* décompose rapidement l'eau oxy-
« génée, en eau et en oxygène ; desséché, il jaunit et
« devient cassant ; ses solutions, soit à l'état humide,
« soit à l'état sec, ne reprennent jamais l'aspect fibreux
« lorsqu'on les dialyse.
« Tel que nous venons de le décrire, le *coagulum*
« grossi cinq cents fois, apparaît composé de nombreu-
« ses granulations blanches infiltrant et enveloppant
« des fibres sinueuses. Soumis à un lavage prolongé par
« un léger filet d'eau, il se débarrase de la plus grande
« partie des granulations et reste formé de fibres
« sinueuses, enchevêtrées, ayant, moins le diamètre,
« l'aspect de la fibrine coagulée du sang des mammi-
« fères. »

chées dans les couches grises et blanches des centres nerveux et dans les sécrétions spermatiques et ovariennes.

Un fait intéressant de l'étude du pouvoir rotatoire de l'albumine du blanc d'œuf, c'est non seulement les variations de grandeur du pouvoir rotatoire que l'on constate d'un blanc d'œuf d'une poule, au blanc d'œuf d'une autre poule, mais encore les variations de grandeur du pouvoir rotatoire que l'on constate entre deux œufs de la même poule (1). La minéralisation du blanc d'œuf varie également d'un œuf à un autre œuf de la même poule ; je dois ajouter, bien que cette étude ne rentre pas dans le cadre des leçons de cette année, que la minéralisation du jaune de l'œuf varie aussi entre deux œufs de la même poule ; la même observation s'applique aux deux éléments de la génération en général.

La constatation de ce simple fait me paraît expliquer, au milieu des influences d'atavisme et d'hérédité, les dissemblances ou les ressemblances entre les parents et les enfants, entre les enfants d'un même père et d'une même mère ; la cause principale de ces phénomènes résiderait dans la diffé-

(1) Ces apparentes anomalies sont en rapport, comme nous l'avons constaté, avec les variations des résultats cryoscopiques. *Voir* : Freundler. *Thèse*, 1894.

rence de la quantité et de la qualité de la minéralisation des éléments générateurs aux moments de
souvenance (Darwin).

Je vous disais, tout à l'heure, que *l'ovo-albumine*
était une albumine de sécrétion sans être un mucus
et que son origine nous obligeait de la distinguer
du sérum ou de la *séro-albumine*.

Le pouvoir rotatoire de l'ovo-albumine s'éloigne,
en effet, du pouvoir rotatoire du sérum, de la séro-
albumine du sang de l'oiseau ; les deux pouvoirs
rotatoires ne sont pas superposables.

L'ovo-albumine a une densité de 1039 à $+15°$ C.;
sa réaction est légèrement alcaline au papier de
tournesol ; je dis que l'albumine est légèrement alcaline au papier de tournesol, car, il faut toujours
spécifier la qualité du réactif d'alcalinité, Berthelot
ayant démontré (*Compt. Rend.*, t. cxxxii, p. 1377)
que les alcalis à fonctions complexes, tout comme
les acides, du reste, influencent différemment les
réactifs colorants.

Le pouvoir rotatoire lévogyre d'une masse d'ovo-
albumine composée de douze blancs d'œufs est de
$1/2°$ 20' sous une épaisseur de deux centimètres, à
la température de $+15°$ C.

Le pouvoir rotatoire dextrogyre de l'ovo-albumine,
à la température de $+15°$ C. est de $0°$ 6' sous une
épaisseur de 0 m. 50 ; le pouvoir rotatoire dextro-

gyre du jaune de l'œuf, à la température de + 15° C., sous une épaisseur de 0 m. 50, est de 0° 4'.

L'ovo-albumine contient 2 gr. 44 de glucose 0/00 ; le jaune d'œuf contient 0 gr. 78 de lactose 0/00 ; la présence constante d'un glucose dans le blanc et la présence constante d'un saccharose dans le jaune de l'œuf semblent confirmer les vues des physiologistes qui attribuent une fonction histogénétique aux sucres de l'organisme.

Analyse de l'ovo-albumine.

Réaction	légèrement alcaline
Densité à + 15° C............	1039
Pouvoir rotatoire lévogyre sous une épaisseur de 2 centimètres, trouvé................	1/2° 20'
Calculé	77' 3
Pouvoir rotatoire moléculaire..	2° 9'
Pouvoir rotatoire dextrogyre sous une épaisseur de 0 m. 50.	0° 6'.
Eléments minéraux...........	7 gr. 70 p. 1000.
Eau	865 gr. —
Eléments organiques..........	127 gr. 30 —

Composition des éléments minéraux.

Acide sulfurique...........	0 gr. 34 p. 1000
Acide phosphorique........	1 — 473 —
Chlore,....................	1 — 33 —
Chaux	0 — 26 —
Magnésie	0 — 125 —

Soude......................	3 gr. 540 p. 1000
Potasse...................	0 — 619 —
Fer métallique............	0 — 00637 —

Cent grammes de cendres d'ovo-albumine contiennent :

Acide sulfurique...........	4 gr. 41
Acide phosphorique........	19 — 13
Chlore	17 — 27
Chaux....................	3 — 57
Magnésie	1 — 62
Soude....................	45 — 974
Potasse..................	8 — 04
Fer métallique............	0 — 0827

D'où l'on peut tirer :

Sulfate de sodium..........	8 gr. 06
Phosphate de sodium	24 — 30
Phosphate de calcium......	9 — 82
Phosphate de magnésium...	5 — 58
Chlorure de sodium........	17 — 87
Chlorure de potassium.....	12 — 72

Cette combinaison saline, ce groupement moléculaire est hypothétique, mais quelle que soit la combinaison que l'on construise, il reste toujours un
excédent de soude.

La presque totalité de la matière organique sèche
de l'ovo-albumine, soit 127 gr. 30 est faite d'albumine, moins le sucre ; or, d'après les observations

d'Ar. Gautier que je vous ai exposées dans la précédente leçon, nous savons que 0 gr. 0053 de soude saturent l'acidité d'un gramme d'albumine ; en multipliant 127 gr. 30 — 2 gr. 44, soit 124 gr. 86 par 0,0053, nous obtiendrons la quantité de soude nécessaire pour saturer la matière albuminoïde, soit 0 gr. 66 de soude à l'état d'albuminate.

Sur les 3 gr. 54 de soude que les cendres de 1000 grammes de blancs d'œufs frais mettent à notre disposition, 2 gr. 451 sont pris par le chlore, l'acide sulfurique et l'acide phosphorique ; il reste 3 gr. 54 de soude — 0 gr. 66 — 2 gr. 451, soit 0 gr. 429 ; de ce reste il faut encore retrancher 0 gr. 0744 de soude combinée à l'acide carbonique ; il nous reste, en définitive, un reliquat de soude de 0 gr. 3546, soit environ 11 0/0 de soude libre sur la soude totale.

L'excès de soude est plus grand que ne le disent les nombres ci-dessus ; en effet, une certaine quantité d'albumine se combine avec la soude des phosphates, avec la chaux des phosphates pour former des albumino-sels plus solubles que les phosphates bi-basiques qui sont les phosphates de l'organisme ; je l'ai démontré ailleurs.

Rapport de la matière minérale aux albumi-
noïdes ou coefficient minéralo-organique..... 6,52
Rapport de la matière minérale à l'eau ou coef-
ficient de diffusion minérale................ 0,89
Rapport de la matière organique à l'eau ou
coefficient de diffusion organique........... 14,71
Rapport de la matière minérale à la totalité des
éléments dissous ou coefficient de minéralisation....................................... 5,7

Rapports des éléments de minéralisation
à la totalité de la matière minérale ou coefficients
de construction minérale.

Acide sulfurique....................	4,41
Acide phosphorique,...............	19,13
Chlore...........................	17,27
Chaux...........................	3,57
Magnésie	1,62
Soude	45,97
Potasse	8,04
Fer métallique	0,0827

Rapports des éléments de minéralisation
à la matière organique ou coefficients de constitution
minérale

Acide sulfurique	0,267
— phosphorique	1,15
Chlore	1,44
Chaux	0,204
Magnésie	0,898
Soude	2,78
Potasse	0,486
Fer métallique	0,005

Rapports des éléments de minéralisation entre eux
ou coefficients de corrélation minérale.

De l'acide sulfurique à l'acide phosphorique   23
Du chlore à l'acide phosphorique   90
De la magnésie à la chaux   48
De la potasse à la soude   17,48

Quand on rapproche le pouvoir rotatoire moléculaire, c'est-à-dire, le pouvoir rotatoire selon la formule de Biot, de l'ovo-albumine, de l'albumine du blanc d'œuf, du pouvoir rotatoire de la séro-albumine, de l'albumine des sérums, on voit que le pouvoir rotatoire de l'albumine du blanc d'œuf est de 35°5, et celui de l'albumine des sérums de 56° ou même 63° (1) ; au contraire, quand on rapproche l'ouverture de l'angle de rotation de l'albumine du blanc d'œuf telle qu'elle se présente à nous, de l'ouverture de l'angle de rotation de l'albumine du sérum telle qu'elle est après la coagulation spontanée du sang, on voit que l'ouverture de l'angle de rotation calculé de l'albumine du blanc d'œuf est plus grande que l'ouverture de l'angle de rotation calculé de l'albumine du sérum ; il y a là une contradiction que je vais essayer de vous expliquer.

(1) Artbus, *Eléments de Chimie Physiologique* page 103.

La minéralisation de l'albumine du blanc d'œuf et de l'albumine du sérum, d'une part ; la concentration différente des deux albumines ; l'abondance de corps optiquement inactifs, de corps doués du pouvoir rotatoire droit, d'autre part, différencient naturellement les deux albumines l'une de l'autre.

Le coefficient de diffusion de la matière minérale dans le blanc d'œuf est faible, ce qui revient à dire que la solution de la matière minérale dans le blanc d'œuf est relativement concentrée. Les sels hypothétiques que nous avons tirés de la combinaison des bases et des acides ; l'albuminate de soude dont le potentiel osmotique est élevé, se trouvent en présence d'une moindre quantité d'eau dans l'albumine du blanc d'œuf que dans l'albumine des sérums.

Vous vous rappelez la grande ouverture de l'angle de rotation d'une unité d'acide tartrique dissoute dans une unité d'eau cent fois plus grande lorsque l'on combine l'acide tartrique avec la soude ou la potasse, par rapport à l'ouverture de l'angle de rotation donnée par la même unité d'acide tartrique dissoute dans la même unité d'eau, à température égale.

Non seulement la quantité d'eau contenue dans l'albumine du blanc d'œuf est moindre que la quantité d'eau contenue dans les sérums, mais

10

encore le poids de la matière organique est plus élevé dans l'albumine du blanc d'œuf que dans l'albumine des sérums, double cause de concentration de l'albumine du blanc d'œuf agissant sur l'ouverture de son angle de rotation.

La matière minérale de l'albumine du blanc d'œuf est sensiblement inférieure à la matière minérale des sérums, mais la composition de cette matière minérale diffère sensiblement de la composition de la matière minérale des sérums.

L'albumine du blanc d'œuf dispose d'une quantité d'eau plus que suffisante pour dissoudre les sels qui peuvent résulter de la combinaison des acides et des bases inorganiques. Cependant les phosphates terreux, calculés à l'état de phosphates bi-basiques, tels qu'ils se rencontrent dans l'organisme, sauf dans les os, sont insolubles ou peu solubles ; le phosphate bi-calcique est insoluble ; le phosphate bi-magnésien est peu soluble ; la solubilité de ces phosphates est facilitée par les acides faibles et il nous est permis de croire que l'albumine sera l'acide faible qui aidera les phosphates de chaux et de magnésie à se solubiliser, à se dissoudre.

Nous aurons, ainsi, un albuminophosphate calcique et un albuminophosphate magnésien ; ces albumino-sels devraient augmenter la grandeur de

'angle de rotation de l'ovo-albumine par concentration du dissolvant ; ils diminuent, au contraire, la
grandeur de ce même angle de rotation par le fait
de leur constitution albumino-minérale.

Fait digne de remarque, les auteurs ne sont point
d'accord sur la valeur du pouvoir rotatoire moléculaire de l'albumine du blanc d'œuf. Pour Hoppe-
Seyler, ce pouvoir rotatoire serait de 35°5 ; pour
Ar. Gautier de 37°5 et pour Haas de 38°01. Ces
résultats différents, obtenus par des hommes de
grande valeur scientifique, ne sont point attribua-
bles ni à la conformation de l'œil, ni à l'imperfection
des instruments, je ne le pense pas, du moins ; ils
proviennent de ce que ces savants eurent à leur
disposition de l'albumine de minéralisation différente ; la matière minérale retenue par l'albumine
a fourni à leurs observations des pouvoirs rotatoires
d'inégale valeur ; il ne peut être question, ici, les
erreurs de l'œil et de l'instrument étant écartées,
que de différences provenant de la plus ou moins
grande quantité de matière minérale retenue par
l'albumine, car, ne l'oublions pas, il s'agit du pouvoir rotatoire moléculaire, selon la formule de Biot
et non point tout simplement de l'ouverture de
l'angle de rotation de l'albumine du blanc d'œuf.

Nous sommes ici en présence d'une substance
que l'on peut considérer comme composée de plu-

sieurs carbones asymétriques ; l'albumine d'un blanc d'œuf, le mélange de l'albumine de plusieurs blancs d'œufs ne rentrent cependant pas dans les règles des principes établis par Guye (1), au sujet des composés renfermant plusieurs carbones asymétriques.

Pour bien comprendre la constitution des albumines du blanc d'œuf, il faut se souvenir et de leur mode de formation et de l'action de la matière minérale, en général, sur leur groupement ; je parle du groupement des albuminoïdes qui constituent l'albumine proprement dite et non point du groupement moléculaire de l'albumine dont je n'ai pas le dessein de m'occuper.

Tout porte à croire qu'il n'existe pas une albumine type, ayant un poids moléculaire fixe, d'où dériveraient toutes les autres albumines ; les différentes propriétés qu'acquièrent les albuminoïdes par leur combinaison avec la matière minérale, les différents aspects sous lesquels elles se présentent, la valeur de leur pouvoir rotatoire d'une part ; les différences considérables de poids moléculaire que présentent entre elles les albumines qui entrent dans la constitution des ferments, d'autre part, me font dire qu'il

(1) Ph. A. Guye, *Compt. Rend.*, mars 1890 ; *Ann. ch. et phys.* ; *Arch. Sc. phys. nat.* ; *Revue scientifique*, t. XLIX, p. 265.

existe des albumines et non point une albumine ;
que s'il existe une albumine elle est fortement poly-
mérisée. Le poids moléculaire de l'ovo-albumine,
de l'albumine du blanc d'œuf, estimé environ
6000, est lui-même variable.

L'albumine du blanc d'œuf est une albumine de
sécrétion ; elle représente les aptitudes propres de
l'organe sécréteur et les matériaux dont l'organe
sécréteur peut disposer.

J'ai examiné, analysé, plusieurs centaines d'œufs
de poule ou d'autres oiseaux ; si, à un examen
superficiel, tous les blancs d'œufs semblent pareils,
un examen plus attentif démontre qu'ils sont plus
ou moins fluides, plus ou moins transparents ; qu'ils
se coagulent, à la chaleur, plus ou moins vite, que
l'eau les décompose plus ou moins profondément ;
évidemment, les œufs se ressemblent, mais ils ne
sont point pareils. Sous un même poids, le blanc
d'un œuf est ou plus abondant ou plus rare que
le blanc d'un autre œuf ; généralement, en ce cas,
le jaune gagne en volume, je ne dis pas en valeur,
ce que perd le blanc ; c'est là l'un des côtés des
aptitudes de l'organe sécréteur ; par un autre
côté, on peut entrevoir les aptitudes de vitalité de
l'oiseau, au moment de la sécrétion de l'albumine :
tel blanc d'œuf sera plus riche en eau, en albumine
que tel autre ; tel blanc d'œuf contiendra moins

d'eau. plus de sucre, plus de matière minérale que tel autre. En examinant ces blancs d'œufs au polarimètre, nous constaterons que leur pouvoir rotatoire s'éloigne de plusieurs minutes d'un blanc d'œuf à un autre blanc d'œuf ; si nous analysons ces blancs d'œufs, nous les trouvons constitués tant en matière organique qu'en matière minérale, d'une manière différente ; la matière organique et la matière minérale seront de même nature, sans doute, mais leurs rapports ne seront point de même ordre et la quantité d'eau qui les dissout et les baigne accentuera leur disparité.

L'albumine du blanc d'œuf vaudra donc, pour l'embryon, ce que valent, au moment de sa sécrétion, et l'organe sécréteur et l'individu qui le porte. Vous voyez qu'à chaque instant, dans le cours de nos études, quelle que soit la direction que nous leur imprimions, nous venons nous buter aux graves et confuses questions des origines des individus ; nous ne devons, d'ailleurs, pas nous défendre de ces passionnants problèmes.

Nous considérerons le pouvoir rotatoire de l'albumine du blanc d'œuf, dans ses rapports : 1° avec l'eau ; 2° avec la matière minérale ; 3° avec les corps optiquement inactifs ; 4° avec les corps doués du pouvoir rotatoire droit.

L'eau a une grande influence sur le pouvoir rotatoire de l'ovo-albumine ; le pouvoir rotatoire de l'albumine du blanc d'œuf augmente ou diminue proportionnellement avec la dilution ; cependant, ce serait une erreur de croire que le pouvoir rotatoire de l'ovo-albumine soit en rapport avec sa densité ; en effet, la densité d'une ovo-albumine ne permet pas de prévoir la grandeur de son angle de rotation ; la dilution vient s'ajouter aux autres causes qui font varier l'ouverture de l'angle de rotation.

Un blanc d'œuf a, par exemple, un pouvoir rotatoire de 1/2° 24' ; ajoutons à ce blanc d'œuf 100 cmc. d'eau distillée ; par cette dilution, le pouvoir rotatoire du blanc d'œuf devient 1/2° 10'.

Sans être exclusive, la matière minérale modifie profondément la grandeur du pouvoir rotatoire des albuminoïdes du blanc de l'œuf. Prenons 170 gr. d'un mélange de blancs d'œufs frais ; ajoutons à ce mélange, directement, 20 grammes de phosphate disodique ; agitons, portons sur le filtre à trompe ; l'albumine qui filtre possède un angle rotatoire gauche de 1/2° 10' ; le mélange de blancs d'œufs possédait, avant l'addition du phosphate disodique, un pouvoir rotatoire de 1/2° 20'.

Nous avons vu dans la précédente leçon que la soude ou la potasse combinées avec l'acide tartrique droit augmentaient l'angle rotatoire de l'acide tartrique, je dis de l'acide tartrique, car ni la soude ni la potasse ne possèdent de pouvoir rotatoire. Nous ajoutons un sel neutre, bi-basique, pour parler plus exactement, à l'albumine et loin d'augmenter le pouvoir rotatoire de cette albumine nous le diminuons considérablement ; que s'est-il passé ? Il s'est formé au sein du blanc d'œuf un précipité abondant sous l'influence du phosphate disodique ; de ce fait nous avons diminué la concentration de la solution albumineuse pendant que nous l'augmentions en ajoutant du phosphate disodique ; l'angle de rotation de l'albumine filtrée à la trompe est le résultat non compensé et de la concentration de la solution de l'ovo-albumine par le sel bibasique et de la chute de cette concentration par le précipité qui s'est formé dans le blanc d'œuf.

Un autre facteur intervient encore, dans le cas présent, pour fournir l'angle de rotation ; la combinaison albumino-phosphatée sodique qui reste en solution est aussi douée du pouvoir rotatoire ; de sorte que l'angle de rotation de l'albumine du blanc d'œuf, filtrée à la trompe, après traitement par le phosphate disodique, est fait : 1º de la dilution de l'albumine par précipitation d'une de ses parties constituantes ; 2º de la concentration de la dilution par la dissolution du phosphate disodique ; mais, comme cette concentration ne compense pas la dilution provenant de la perte d'albumine par précipitation, l'angle de rotation du blanc d'œuf se trouve plus petit après l'addition du phosphate disodique alors que, théoriquement, il devrait se trouver plus grand.

Prenons un blanc d'œuf frais dont le pouvoir rotatoire est, sous une épaisseur de deux centimètres, de 1/2° 14'; ajoutons à ce blanc d'œuf 0 gr. 50. d'oxalate d'ammonium, filtrons à la trompe ou mieux laissons reposer la préparation pendant deux fois 24 heures; à ce moment, l'albumine du blanc d'œuf aura un angle de rotation de 1/2° 4'; perte : 0° 10' de pouvoir rotatoire.

Prenons un blanc d'œuf frais dont le pouvoir rotatoire est, comme le précédent, de 1/2° 14'; ajoutons à ce blanc d'œuf 0 gr. 50 de carbonate de potassium; il se forme, dans le blanc d'œuf, un précipité plus abondant que dans l'expérience précédente; cependant, le blanc d'œuf, après traitement par le carbonate de potassium, accuse un pouvoir rotatoire de 1/2° 18'.

Qu'est-ce à dire? Sous l'influence de l'oxalate d'ammonium, il s'est formé dans le blanc d'œuf un précipité composé d'oxalate de calcium pour la majeure partie; en précipitant, l'oxalate de calcium a entraîné une certaine quantité d'albumine sous la forme d'un albumino-oxalate de calcium, sel double d'albumine, d'acide oxalique et de calcium ; les albumino-sels, j'ai déjà eu occasion de vous le dire, sont fréquents dans les organismes vivants ; l'albumino-oxalate de calcium est insoluble, tout comme l'oxalate de calcium, moins insoluble, cependant, car l'albumino-oxalate de calcium est un sel acide, très légèrement acide, mais acide par la molécule d'albumine qui l'accompagne.

L'acide oxalique est un acide bi-basique et le sel qui se précipite, lorsqu'on ajoute un oxalate soluble à un sel de calcium, est un oxalate neutre (cette réaction a été déterminée par Bergman en 1776) ; la molécule albumine agit sur le sel neutre comme agirait une molécule d'acide oxalique elle-même, en transformant le sel neutre en sel acide, puis en le dissolvant. Les réactions de l'oxalate d'ammonium sur le blanc d'œuf sont compliquées. En effet, le sel que nous venons d'appeler, pour la clarté de notre exposition, albumino-oxalate de calcium est complexe ; il fournit à l'analyse, après incinération, plusieurs éléments de minéralisation ; en dissolvant les cendres dans l'acide azotique et en ajoutant à la solution du molybdate d'ammonium, on obtient, à chaud, un précipité jaune, cristallin. Le précipité formé par l'oxalate d'ammonium dans le blanc d'œuf est composé d'oxalate de calcium et de phosphate de calcium entraîné par l'albumine avec lequel elle était combinée.

Au lieu de diminuer l'angle de rotation du blanc d'œuf, comme l'oxalate d'ammonium, le carbonate de potassium augmente, à poids égal, cet angle de rotation ; le carbonate de potassium produit dans le blanc d'œuf un précipité plus abondant que l'oxalate d'ammonium, et cependant, l'angle de rotation du blanc d'œuf est plus grand après l'addition de carbonate de potassium qu'après l'addition d'oxalate d'ammonium ; l'angle de rotation du blanc d'œuf est plus grand après l'addition de carbonate de potassium que l'angle de rotation du blanc d'œuf à l'état naturel.

L'action de la matière minérale sur la valeur du pouvoir rotatoire du blanc d'œuf varie, indépendamment de son poids moléculaire, selon ses propriétés intrinsèques. Si, par la présence du carbonate de potassium, l'ouverture de l'angle de rotation du blanc d'œuf augmente au lieu de diminuer, c'est que le carbonate de potassium a touché d'autres éléments de minéralisation du blanc d'œuf, que l'oxalate d'ammonium ; c'est que le carbonate de potassium a apporté de nouveaux éléments de minéralisation au blanc d'œuf.

TROISIÈME LEÇON

DE L'OVO-ALBUMINE *(suite)*.

Messieurs,

En même temps que les sels de calcium, le carbonate de potassium a précipité les sels de magnésium de l'ovo-albumine, mais il a dissous, en même temps, les albumines qui étaient liées aux sels de calcium et de magnésium ; les carbonates de calcium et de magnésium précipités sont à peu près exempts de matière albuminoïde, comme l'on peut s'en assurer en desséchant et en calcinant leur précipité ; ceci est un cas particulier de l'action d'un carbonate alcalin sur les sels terreux, en milieu albuminoïde, car les albumino-carbonates terreux, solubles, sont fréquents dans l'organisme vivant ; nous avons vu l'ovo-albumine se comporter tout autrement avec l'oxalate neutre de calcium ; la nature des sels d'une part, la qualité thermique des réactions d'autre part peuvent nous expliquer pourquoi l'oxalate de calcium demeure en partie soluble dans un milieu albuminoïde, tandis que les carbonates terreux sont précipités seuls, sans entraîner avec eux de l'albumine.

Le blanc d'œuf se trouve, non seulement, en solution plus concentrée, par le fait de l'addition du carbonate de potassium, mais encore plus riche en albuminoïdes par le fait de la dissolution d'une certaine partie d'entre elles, d'où l'angle de rotation plus ouvert de l'ovo-albumine en expérience ; quand je dis que le blanc d'œuf traité par le carbonate de potassium est plus riche d'albuminoïdes, je compare le blanc d'œuf traité par l'oxalate d'ammonium au blanc d'œuf traité par le carbonate de potassium ; l'oxalate de calcium entraine de l'albumine, le carbonate de calcium n'entraîne pas d'albumine; le carbonate de potassium dissout les albumines qu'il a séparées des sels terreux.

Ces expériences me paraissent démontrer la grande susceptibilité du pouvoir rotatoire des albumines du blanc d'œuf et l'influence de la matière minérale sur la grandeur de l'angle de rotation de l'ovo-albumine, pour un même volume d'eau, pour un même poids de substance, à la même température.

11

Le jaune de l'œuf ne contient pas d'albumine, à proprement parler , il contient des albumines hydratées, des peptones à côté des lécithines, des nucléines et des oxydases très abondantes.

Les peptones, dit-on, conservent le pouvoir rotatoire des albuminoïdes d'où elles dérivent ; cela est vrai, mais l'angle de rotation des peptones n'est point de même valeur que l'angle de rotation des albuminoïdes. Le pouvoir rotatoire des peptones est lévogyre comme le pouvoir rotatoire des albuminoïdes, mais le pouvoir rotatoire des peptones est plus faible que le pouvoir rotatoire des albuminoïdes ; les peptones ont perdu de leur pouvoir rotatoire par hydratation ; le pouvoir rotatoire d'une solution de peptones à 20 0/0 sous une épaisseur de 2 centimètres, à + 15° C. = 1/2° 8'.

La plus grande faiblesse du pouvoir rotatoire des peptones trouve son explication dans les phénomènes de la peptonisation. Dans toute digestion pepsique il reste un résidu insoluble que Meissner (1) a désigné sous le nom de *dyspeptone*, produit de la parapeptone et comparable à l'hémiprotéine de Schutzenberger. Quel que soit le nom que l'on veuille

(1) Meissner, *Zeit. für rat. med.*, t. VII ; VIII, 1859 ; t. X, 1860 ; t. XII, 1861. Verhand. d. natur. Gesell. in Freiburg, 1859.

lui donner, ce résidu insoluble est constant et il est composé d'un corps optiquement inactif.

Lorsqu'on ajoute à une solution de peptones du sulfate d'ammonium en excès, il se forme un précipité dans la solution ; cette solution (à 20 0/0 comme dessus) donne, sous une épaisseur de deux centimètres, un angle rotatoire lévogyre de $0°\,8'$; nous venons de voir que la même solution de peptones donnait avant toute addition de sel un angle de rotation de $1/2°\,8'$. Nous ajoutons à la solution filtrée de peptones et de sulfate d'ammonium, un excès de chlorure de sodium ; il se produit un précipité abondant, d'aspect albumineux, disons mieux, d'albumine ; la liqueur filtrée possède un pouvoir rotatoire qui varie, selon les peptones en expérience, de $0°\,2'$ à $0°\,4'$ sous une épaisseur de 20 millimètres.

On peut rapprocher cette expérience de celle que je vous ai montrée dans la première leçon, pendant laquelle la soude caustique modifiait, à chaud, l'albumine que régénérait l'acide chlorhydrique. Nous n'en devons pas moins nous demander comment il se peut faire que le sulfate d'ammonium produise une chute de $1/2°$ de l'angle de rotation dans la solution des peptones. Quand on fait agir du sulfate d'ammonium en excès sur une solution concentrée de peptones, il se dégage une grande quantité de gaz inodores ; ces gaz sont composés pour la plus grande partie d'hydrogène, d'acide carbonique et d'azote ; ils sont le résultat et de l'action du sulfate d'ammonium sur l'acide chlorhydrique, sur le chlorure de sodium et de l'action réciproque de ces agents chimiques sur la matière protéique ; cette réaction absorbe de la chaleur ; elle est endothermique. Les peptones sont précipitées par le sulfate d'ammonium tout comme les albumines, mais les solutions ne conservent point comme le blanc d'œuf, comme les sérums, un pouvoir rotatoire droit mis à découvert par la précipitation des albuminoïdes.

Le carbonate de potasse, ajouté en excès aux peptones, les précipite complètement ; la solution ne possède plus ni pouvoir rotatoire droit, ni pouvoir rotatoire gauche, Les peptones sont partiellement attaquées par le carbonate de potasse ; elles sont oxydées et ammonisées en même temps ; la réaction développe beaucoup de chaleur, elle est exothermique et, sous son influence, il se forme une certaine quantité d'urée que l'on peut extraire par les moyens ordinaires employés pour son extraction.

La nature des peptones est encore discutée ; ce que nous pouvons déduire des expériences précédentes, c'est que les peptones conservent plusieurs des qualités des albuminoïdes, que leurs solutions ne contiennent point de corps dextrogyres et que si

le sulfate d'ammonium en excès les précipite, le
carbonate de potassium en excès les précipite
également en les ammonisant et en les oxydant,
tout à la fois ; que, contrairement à ce qui se passe
pour les albuminoïdes du blanc d'œuf dont le carbonate de potassium augmente l'angle de rotation,
le carbonate de potassium fait déchoir le pouvoir
rotatoire des peptones.

Je vous parlais plus haut d'un corps insoluble,
optiquement inactif, qui apparaît comme un résidu
de la peptonisation ; ce corps optiquement inactif
se rencontre plus ou moins abondant pendant la
digestion de toutes les protoplasmides, de l'ovo-
albumine, du blanc d'œuf.

L'albumine du blanc d'œuf, fraîche, est transpa-
rente sous une mince épaisseur ; regardée sous une
couche épaisse elle présente un certain degré
d'opacité qui s'atténue par une centrifugation de
très longue durée, car la viscosité des liquides, en
général, et de l'ovo-albumine en particulier, atténue considérablement les effets de la force centri-
fuge.

L'opacité légère de l'ovo-albumine provient d'une
substance albuminoïde insoluble, ou tout au moins
fort peu soluble, tenue en suspension dans l'ovo-
albumine. Pour obtenir ce corps optiquement inactif, il faut le retirer des tubes du centrifugeur

après décantation de l'albumine que l'on conserve à l'abri des fermentations en la recouvrant d'une couche d'huile dès son introduction dans les tubes du centrifugeur préalablement stérilisés ; la centrifugation peut durer plus de 700 heures si l'ovo-albumine est moyennement riche de ce corps optiquement inactif ; la substance optiquement inactive est composée de substance organique, de phosphate et de carbonate de calcium ; cette substance optiquement inactive joue son rôle dans la valeur du pouvoir rotatoire des albuminoïdes et sa présence vient s'ajouter aux autres causes physiques qui différencient la grandeur des angles de rotation d'un blanc d'œuf d'un autre blanc d'œuf. En dehors de l'eau, de la matière minérale, des corps optiquement inactifs, le pouvoir rotatoire, la valeur du pouvoir rotatoire de l'ovo-albumine est encore influencée par les substances douées d'un pouvoir rotatoire droit que contient le blanc d'œuf.

Pour distinguer nettement le pouvoir rotatoire droit du blanc d'œuf, il suffit de mélanger à un blanc d'œuf, un excès de sulfate d'ammonium ; les albumines du blanc d'œuf sont précipitées par le sulfate d'ammonium et le liquide qui passe sur le filtre à trompe contient les corps dextrogyres ; je dis les corps dextrogyres, car une quantité impondérable, mais appréciable d'albumine, accompagne les corps dextrogyres de l'ovo-albumine. Il serait intéressant de savoir si cette albumine se trouve en trop faible quantité pour que son pouvoir rotatoire gauche contrebalance le pouvoir rotatoire droit, ou bien si cette albuminoïde est elle-même douée d'un pouvoir rotatoire droit ; on ne connaît pas, que je sache, d'albuminoïde douée du pouvoir rotatoire droit, sinon théoriquement.

Le pouvoir rotatoire droit du liquide recueilli au-dessous du filtre à trompe, après traitement du blanc d'œuf par un excès de sulfate d'ammonium, est, *invariablement*, pour un blanc d'œuf, sous une épaisseur de 10 centimètres, de 0° 10'.

Le polarimètre de Laurent, dont je me suis servi pour toutes mes expériences, comporte, comme vous le savez, deux divisions : l'une, en degrés de sucre, vernier de gauche ; l'autre, en degrés du cercle, vernier de droite. Nous avons mesuré l'angle de rotation ci-dessus en degrés du cercle. Si nous mesurons l'angle de rotation en degrés de sucre, au tube de 22 centimètres, nous trouvons, d'un blanc d'œuf à un autre blanc d'œuf, une différence de quelques minutes dans la valeur du pouvoir rotatoire.

Avec le tube de 22 centimètres, un blanc d'œuf d'un poids de 32 gr. 60, traité par 25 grammes de sulfate d'ammonium, donne, au vernier de droite

0° 26' à gauche, en degrés de cercle, et un blanc d'œuf pesant 35 grammes, traité par 25 grammes de sulfate d'ammonium, donne 0° 22' à gauche, en degrés de cercle.

Le premier œuf, le plus léger, contiendrait 3 gr. 13 de glucose 0/00 ; le second œuf, le plus lourd, contiendrait 2 gr. 37 de glucose 0/00. Le dosage du glucose, pratiqué par la liqueur de Fehling, fournit un rendement inférieur, en glucose ; l'œuf le plus léger donne 2 gr. 62 de glucose et l'œuf le plus lourd donne 2 gr. 26 de glucose 0/00. Généralement, quand on a l'habitude du polarimètre et des dosages volumétriques, on arrive à des résultats beaucoup plus rapprochés, lorsqu'on se trouve en présence d'un sucre unique, en dosant une liqueur sucrée au polarimètre et, par comparaison, avec la liqueur de Fehling.

Il est impossible de doser directement le glucose, par la liqueur de Fehling, en présence du sulfate d'ammonium, parce qu'il se forme de l'*eau céleste*, du sulfate de cuivre ammoniacal ; on ne peut donc pas contrôler le résultat de l'analyse polarimétrique directement par la liqueur de Fehling ; il n'en reste pas moins établi que pour un même blanc d'œuf, l'analyse polarimétrique, en présence du sulfate d'ammonium, et l'analyse par la liqueur de Fehling sont en désaccord.

La différence que nous venons de constater entre les résultats fournis par la liqueur de Fehling et le saccharimètre serait-elle la conséquence de la présence d'une albumine droite entraînée par le sulfate d'ammonium ? Le sulfate d'ammonium est volatil ; en le volatilisant avec précaution nous pouvons nous rendre compte s'il abandonne ou non une albumine qui, elle, est fixe ; or, le sulfate d'ammonium n'entraine pas d'albumine.

Le sulfate d'ammonium décompose un grand nombre des sels qui entrent dans la minéralisation de l'albumine ; ainsi, lorsqu'on porte, sous le microscope, la cristallisation abandonnée par l'évaporation de la solution de sulfate d'ammonium dans le blanc d'œuf, on aperçoit de nombreuses formes cristallines qui s'éloignent complètement de la forme cristalline du sulfate ammoniacal ; cependant, le sulfate d'ammonium n'a point d'action sur le pouvoir rotatoire du glucose.

Il existe donc, dans le blanc d'œuf, une minime quantité d'un corps doué d'un pouvoir rotatoire dextrogyre qui n'est point du glucose, qui n'est point de l'albumine, corps dont nous n'avons pas à nous occuper, pour le moment, et qui n'influe que d'une manière peu marquée sur le dosage, par le saccharimètre, du glucose contenu dans le blanc d'œuf.

11.

Le jaune d'œuf contient de la lactose, mais à côté de la lactose il contient des corps doués du pouvoir rotatoire droit beaucoup plus nombreux ou beaucoup plus denses que les corps dextrogyres qui accompagnent le glucose dans le blanc d'œuf. Les corps dextrogyres du jaune d'œuf sont bien mis en évidence lorsqu'on épuise le jaune d'œuf frais par l'alcool ; il faut que l'opération soit rapidement conduite, car la solution alcoolique s'oxyde très vite, à l'air, noircit, et les rayons de la lumière jaune ne la traversent plus, même sous une faible épaisseur, alors que l'on a enlevé le bichromate du polarimètre. Je ne m'occuperai pas plus des corps dextrogyres du jaune de l'œuf que je ne me suis occupé des corps dextrogyres du blanc d'œuf, exception faite pour les sucres qu'il contient. Les corps dextrogyres, autres que les sucres, que l'on rencontre dans les œufs méritent une étude approfondie ; cette étude nous distrairait de l'objet de ces leçons : démonstration de l'action de la matière minérale sur le pouvoir rotatoire des albuminoïdes.

Pour extraire la lactose des jaunes d'œufs, on les épuise par l'éther ; on les traite ensuite par un léger lait de chaux avec lequel on les mélange aussi intimement que possible ; on fait passer un courant d'acide carbonique dans le mélange soumis à

un agitateur mécanique ; on filtre sur la trompe ;
on porte la liqueur filtrée à l'ébullition ; on filtre
de nouveau et s'il reste des matières étrangères,
on reprend la liqueur par l'acétate de plomb, dans
la proportion d'un dixième ; on filtre ; on chasse
l'excès de plomb par l'acide sulfhydrique ; on
chasse l'acide sulfhydrique par un courant d'air
prolongé pris en dehors du laboratoire et tamisé
par de l'ouate ; on évapore ensuite jusqu'à consis-
tance sirupeuse ; la lactose se dépose par le refroi-
dissement ; on dose la lactose soit à l'aide de la liqueur de Fehling, soit à l'aide de la liqueur de
Poggiale ; on peut caractériser élégamment la
lactose avec le réactif de Rubner au contact duquel elle fournit une belle couleur *rouge cerise*,
tandis que le glucose fournit une belle couleur *sau-
mon*.

Il est assez aisé, en somme, d'isoler les sucres
que contiennent les œufs ; il est également facile
de les caractériser ; il n'en va pas de même, mal-
heureusement, avec les éléments lévogyres de
l'œuf ; il est presque impossible, quant à présent,
d'isoler les albuminoïdes du blanc d'œuf, les unes
des autres ; c'est par des moyens indirects que l'on
arrive à comprendre et à distinguer les diverses albuminoïdes.

La matière minérale se combine, nous l'avons

vu, en proportions définies avec les albuminoïdes. Les combinaisons des albuminoïdes et des sels sont, le plus souvent, peu stables ; les combinaisons des albuminoïdes avec les oxydes métalliques sont, au contraire, très tenaces, tenaces aux point que l'incinération seule peut en détruire la cohésion.

Parmi les combinaisons albumino-minérales, il en existe, je vous l'ai démontré, qui ouvrent l'angle de rotation des albuminoïdes, d'autres qui le resserrent. Parmi les combinaisons albumino-minérales qui diminuent la grandeur de l'angle de rotation des albuminoïdes, il faut placer, en première ligne, les albuminates ou les albumino-phosphates de chaux, les combinaisons albumino-calciques. Parmi les combinaisons albumino-minérales qui augmentent la grandeur de l'angle de rotation des albuminoïdes, il faut placer, en première ligne, les combinaisons des albuminoïdes avec les sels sodiques ou potassiques autres que le phosphate potassique.

Le pouvoir rotatoire d'un blanc d'œuf sera donc en rapport, et avec les combinaisons calciques, avec les combinaisons albumino-terreuses, d'une part, et avec les combinaisons albumino-sodiques et potassiques, avec les combinaisons albumino-alcalines, d'autre part.

Nous avons choisi un tube de deux centimètres de longueur pour déterminer le pouvoir rotatoire de l'ovo-albumine et des sérums, parce que cette épaisseur donne l'extrême limite de visibilité à laquelle on puisse distinguer nettement la valeur du pouvoir rotatoire, mais vous comprenez bien que s'il était possible de lire, dans d'autres conditions, le pouvoir rotatoire des albuminoïdes, sans les altérer, on obtiendrait un angle de rotation en rapport avec ces conditions, dont la valeur ne changerait rien, du reste, à ses rapports avec la constitution des albuminoïdes, avec le rapport de la matière minérale et des albuminoïdes ; l'influence de la matière minérale sur l'angle de rotation des albuminoïdes conserverait toute sa valeur.

Le pouvoir rotatoire d'un blanc d'œuf est l'expression de la réunion de plusieurs pouvoirs rotatoires ; chacun de ces pouvoirs rotatoires est additif et négatif. Nous avons calculé le pouvoir rotatoire de l'ovo-albumine sur un mélange de douze œufs. Le pouvoir rotatoire des blancs d'œufs, pris séparément, est très variable : il est de $1/2°$ 14' ; $1/2°$ 12' ; $1/2°$ 18' ; $1/2°$ 26', etc. A partir du mélange de douze œufs, le pouvoir rotatoire de l'ovo-albumine ne nous a pas paru changer sensiblement de valeur ; de sorte que l'on peut considérer, je crois, l'expression $1/2°$ 20', comme la valeur réelle du pouvoir rotatoire, non, comme la valeur réelle de l'ouverture de l'angle de rotation de l'ovo-albumine, sous une épaisseur de deux centimètres, à la température de $+ 15° $ C.

La détermination du poids de la matière minérale, de l'eau, de la matière organique, rapportées à un kilogramme d'ovo-albumine, est le résultat de l'analyse du mélange d'un grand nombre de blancs d'œufs ; de ce chef, la comparaison entre les éléments de constitution de l'ovo-albumine et de son pouvoir rotatoire nous parait légitime, d'autant plus que le dissolvant est le même.

Le coefficient de diffusion de la matière minérale dans l'ovo-albumine est de 0,89, ce qui veut dire que 100 grammes de l'eau contenue dans le blanc d'œuf tiennent en dissolution, quelle que soit la forme de ses combinaisons, 0 gr. 89 de matière minérale ; mais, en même temps, les mêmes cent grammes d'eau tiennent en dissolution ou en suspension, 14 gr. 71 de matière organique ; la solution est donc assez dense.

L'un des caractères, parmi les plus remarquables, de la constitution des albuminoïdes, c'est l'espèce de compensation qui s'établit dans leurs solutions, entre les propriétés opposées de leurs sels de minéralisation ; le secret de cette compensation réside dans la formation de sels doubles ou multiples.

Quand on dialyse une albumine, un groupe d'albumines, comme l'ovo-albumine, par exemple, les sels qui traversent le dialyseur, sont accompagnés, dès le début de la dialyse, d'albumine et l'albumine qui reste sur le septum du dialyseur change de caractères. Vous connaissez les belles recherches de Graham (Philos. Trans., 1850-1862) sur les colloïdes et les cristalloïdes ; vous savez que l'albumine est une substance colloïdale et que, comme telle, son potentiel de diffusion est très élevé ; il n'empêche que l'albumine dialyse grâce aux cristalloïdes qui la dissolvent, grâce aux cristalloïdes qu'elle dissout ou pour être plus exact avec lesquels elle se combine.

Les propriétés différentes que je remarquai et dans les albuminates qui traversent le septum du dialyseur et dans les albuminates qui restent sur le dialyseur, furent pour moi l'occasion d'étudier la *minéralogie biologique*, c'est-à-dire d'étudier les rapports de la matière minérale et de la matière azotée, de la matière organique.

C'est par la dissociation des albuminoïdes, à l'aide de la dialyse, que l'on peut, je n'ose pas dire complètement, mais d'une manière assez précise, se rendre compte de l'influence de la matière minérale sur le pouvoir rotatoire des albuminoïdes. En effet, les diverses combinaisons minérales ne dialysent pas simultanément, ni dans les mêmes conditions ; en outre, tel albuminate qui a traversé le septum en exomose, le retraversera, si on lui en donne le temps, en endosmose et arrêtera ou entraînera la dialyse d'un autre albuminate et cela souvent, parce qu'il s'est modifié en traversant le septum du dialyseur ; c'est, pour ainsi dire, d'heure en heure, que l'on doit examiner les liquides qui baignent les deux faces du *septum*. Les combinaisons des albumines et de la matière minérale sont généralement des sels doubles, instables et les sels instables, doubles, multiples, sont dédoublés, divisés par la dialyse. L'état des combinaisons albumino-minérales, leur instabilité, peut nous permettre de les considérer commeen état de diffusion continuelle, dans la vie, à travers une membrane colloïdale coulante qui serait formée par la solution d'albumine ; de telle sorte que l'albumine aurait un rôle chimique par sa qualité d'acide faible, bib-asique, et un rôle physique et chimique tout à la fois par sa qualité de colloïde, de membrane fluide, qui faciliterait la décomposition des sels minéraux, en même temps que sa propre décomposition, frappée qu'elle est par la matière minérale.

Un certain nombre de phénomènes dont ne peuvent point nous rendre compte, ni les ferments épithéliaux, ni la structure des tissus absorbants, se

trouveraient expliqués par les propriétés dialytiques des albuminoïdes en solutions aqueuses,
denses. D'après cette manière de voir, le travail des
parois cellulaires se trouverait allégé d'autant ; les
cellules n'auraient qu'à choisir, selon leurs aptitudes physiques et chimiques, selon leurs aptitudes
de minéralisation, les éléments de minéralisation
déjà tout préparés dans le liquide sanguin, éléments
de minéralisation qui modifieraient la matière organique au profit des plastides, au profit des éléments
cellulaires.

Un dispositif expérimental des plus simples permet de constater l'action dialysante d'une solution
d'ovo-albumine, d'une densité de 1030, par exemple. On ajoute à la solution d'ovo-albumine une dissolution de chlorures et de phosphates alcalins et
terreux filtrée après réaction définitive des sels les
uns sur les autres ; on agite le mélange avec un
agitateur mécanique qui fait de 700 à 800 tours à la
minute ; au bout de quelques heures, le mélange, de
neutre ou très légèrement alcalin qu'il était, est
devenu légèrement acide, et l'albumine s'est divisée en plusieurs couches de densité et d'aspect différents ; l'albumine à un aspect différent de celui
que lui donne le battage ; les sels, la dissolution des
sels, battus pendant une durée égale, ne deviennent
pas acides, ne sont pas dissociés. L'explication par

le détail, des phases diverses de cette expérience dans laquelle la viscosité de la solution albumineuse joue son rôle conjointement avec les autres qualités physiques de l'albumine, nous éloignerait de notre sujet qui est, par lui-même, assez compliqué ; je reviendrai, à l'occasion, sur les qualités des albuminoïdes dialysées.

En ce qui concerne la répartition des albumines dans le blanc d'œuf, nous avons pu constater que le pouvoir rotatoire des substances dialysées prises aux divers moments de la dialyse, ne présentait point un angle de rotation de même ouverture ; nous avons pu constater que le pouvoir rotatoire des substances dialysées prises aux divers moments de la dialyse, dans les mêmes conditions, changeait d'un blanc d'œuf à un autre blanc d'œuf. Le point intéressant pour nous, c'est que, aux divers moments des prises, la qualité ou la quantité de la minéralisation changeait avec la valeur du pouvoir rotatoire de chaque albuminoïde, toutes les autres conditions étant égales.

Il est certain que le coefficient de diffusion organique avait une part prépondérante dans l'ouverture de l'angle de rotation ; que cette part était dépendante du potentiel osmotique de la combinaison albumino-minérale dialysée, mais il est non moins certain que le potentiel osmotique était fonction de la combinaison albumino-minérale ; ce qui revient à dire que la valeur du pouvoir rotatoire d'une albuminoïde du blanc d'œuf examinée et analysée à un moment quelconque de la dialyse était sous l'influence d'une minéralisation déterminée. Si nos moyens de dialyse étaient assez parfaits, nous pourrions trouver sur les deux faces du *septum* du dialyseur autant de combinaisons albumino-minérales que la présence des acides et des bases nous permettrait de construire de combinaisons salines, sans compter la combinaison de la soude excédante avec l'albumine. Comment ne pas admettre et la variabilité du poids moléculaire des albuminoïdes et l'efficacité de leur minéralisation sur leur pouvoir rotatoire, lorsqu'il est établi que l'affinité de la matière albuminoïde pour la chaux, par exemple, peut aller de *quelques milligrammes* de chaux jusqu'à *dix centigrammes*, pour le même poids de matière azotée, ce qui est le cas des globulines végétales ?

Le pouvoir rotatoire de l'ovo-albumine doit être le résultat des six termes suivants, en considérant notre hypothèse du groupement des éléments de minéralisation entre eux, comme exacte :

Albumine de l'albuminate sodique.
    —   du phosphate disodique.
    —   du phosphate dipotassique.

Albumine du sulfate sodique.

— des chlorures alcalins.

— du phosphate bi-calcique.

— du phosphate bi-magnésien.

Chacune de ces albuminoïdes, chacun de ces albuminates a un pouvoir rotatoire propre, dont la somme divisée par le nombre donne une ouverture de 1/2° 20' à l'angle rotation de l'ovo-albumine, de l'albumine du blanc d'œuf dans les conditions où elle se présente naturellement à nous ; je reviendrai sur ce point.

L'angle de rotation de l'ovo-albumine 1/2° 20', devient, si nous calculons son pouvoir rotatoire moléculaire, ($\alpha = 20$ millimètres) d'après la formule $\left(\dfrac{\alpha}{\varepsilon.\delta.\lambda}\right)(\alpha)$ 2°9. Je vous développerai plus loin et la formule qui sert à calculer le pouvoir rotatoire moléculaire d'une substance donnée et les rapports qui existent entre l'angle de rotation et le pouvoir rotatoire moléculaire, dans le cas particulier où nous nous sommes placé.

QUATRIÈME LEÇON

Messieurs,

Le sérum de bœuf est d'une couleur jaune d'or.

Analyse du sérum de bœuf n° 1.

Réaction : très légèrement alcaline au papier de tournesol	
Densité à + 15°C.	1029,8
Pouvoir rotatoire lévogyre sous une épaisseur de deux centimètres. . . .	1/2° 18'
Calculé	57' 29
Pouvoir rotatoire molécu- laire.	3° 78
Eléments minéraux. . . .	9 gr. 40 p. 1000
Eau.	897 — 40 —
Eléments organiques. . .	93 — 20 —

Composition des éléments minéraux

Acide sulfurique. . . .	0 gr. 53	p. 1000
Acide phosphorique. .	1 01	
Chlore.	1 74	
Chaux.	0 13	
Magnésie.	0 11	
Potasse.	0 20	
Soude.	5 673	
Fer métallique. . . .	0 0053	

D'où l'on peut tirer :

Sulfate de sodium.	0 gr. 942
Phosphate de sodium.	1 650
Phosphate de calcium.	0 377
Phosphate de magnésium. . .	0 040
Chlorure de sodium.	2 59
Chlorure de potassium. . . .	0 381
Soude en combinaison organique ou carbonatée.	3 167

Rapport de la matière minérale à la matière organique ou coefficient minéralo-organique 10,08

Rapport de la matière minérale à l'eau ou coefficient de diffusion minérale. . 1,04

Rapport de la matière organique à l'eau ou coefficient de diffusion organique. 10,38

Rapport de la matière minérale à la totalité des éléments dissous ou coefficient de minéralisation. 9,16

*Rapports des éléments de minéralisation
à la totalitéde la matière minérale* ou coefficients
de construction minérale.

Acide sulfurique. . . .	5,63
Acide phosphorique. .	10,74
Chlore. . . . . , . . .	18,51
Chaux.	1,38
Magnésie.	1,17
Potasse.	2,12
Soude	60,35
Fer.	0,056

*Rapports des éléments de minéralisation
à la matière organique* ou coefficients
de constitution minérale.

Acide sulfurique. . . .	0,56
Acide phosphorique. .	1.08
Chlore.	1,86
Chaux	0,139
Magnésie.	0,11
Potasse	0,21
Soude	6,08
Fer métallique.	0,0056

Rapports des éléments de minéralisation entre eux ou
coefficients de corrélation minérale.

De l'acide sulfurique à l'acide phosphorique. . .	52,47
De l'acide phosphorique au chlore	58,04
De la magnésie à la chaux.	84,61
De la potasse à la soude.	3,52

SÉRUM DE BŒUF N° 2

Le sérum de bœuf n° 2 est d'une couleur jaune d'or.

Analyse du sérum de bœuf n° 2.

Réaction : neutre au papier de tournesol.
Densité à + 15° C. 1029,8
Pouvoir rotatoire lévogyre, sous une
   épaisseur de deux centimètres. . . .   1/2° 22
    Calculé . . . .   60'1
Pouvoir rotatoire moléculaire. . . . . .   4° 46
Eléments minéraux . . . .   8 gr. 05 p. 1000
Eau. 905   33
Eléments organiques 86   62

Composition des éléments minéraux.

Acide sulfurique. . . .	0 gr.	45 p. 1000
Acide phosphorique. . .	0	55
Chlore.	1	86
Chaux	0	135
Magnésie	0	084
Potasse	0	275
Soude.	4	740
Fer métallique.	0	00212

D'où l'on peut tirer :

Sulfate de sodium.	0 gr.	80
Phosphate disodique	0	466

Phosphate dicalcique.	0 gr.	393
Phosphate dimagnésien	0	30
Chlorure de sodium.	2	78
Chlorure de potassium.	0	374
Soude en combinaison organi-		
que ou carbonatée.	2	7154

Rapport de la matière minérale à la matière organique ou coefficient minéralo-organique 9,29

Coefficient de diffusion minérale. 0,889

Coefficient de diffusion organique 9,567

Coefficient de minéralisation. 8,50

Coefficients de construction minérale.

Acide sulfurique. . . .	5,59
Acide phosphorique. . .	6,95
Chlore	23,10
Chaux.	01,67
Magnésie	01.04
Potasse	02,67
Soude	58,88
Fer	00,026

Coefficients de constitution minérale.

Acide sulfurique . . .	0,519
Acide phosphorique .	0,640
Chlore	2,140
Chaux	0,150
Magnésie	0,096
Potasse.	0,240
Soude	5,470
Fer	0,0024

Coefficients de corrélation minérale.

De l'acide sulfurique à l'acide phosphorique. 80,35
De l'acide phosphorique au chlore. 30,10
De la magnésie à la chaux. 2,22
De la potasse à la soude. 4,53

SÉRUM DE BŒUF Nº 3

Le sérum de bœuf nº 3 est d'une couleur jaune d'or.

Analyse du sérum de bœuf nº 3

Réaction : neutre au papier de tournesól.
Densité à + 15º C. . . . 1027,2
Pouvoir rotatoire lévo-
gyre sous une épais-
seur de deux centi-
mètres = 1/2º 16'
　　Calculé . . . . 53' 09
Pouvoir rotatoire molé-
culaire. 4º30
Eléments minéraux. . . 8 gr. 76 p. 1000
Eau. . . . . 913　26
Eléments organiques. . . 77　98

Composition des éléments minéraux

Acide sulfurique. . . . 0 gr. 17　p. 1000
Acide phosphorique. . 0　35
Chlore. . . . . 2　41

Chaux. . . . .   0 gr. 109 p. 1000
Magnésie.   0   078
Potasse.   0   27
Soude. , ...   5   37
Fer.   0   0041

D'où l'on peut tirer :

Sulfate de sodium. . . . . . .   0 gr. 31
Phosphate de sodium.   0   566
Phosphate de calcium   0   317
Phosphate de magnésium. . .   0   286
Chlorure de sodium.   2   45
Chlorure de potassium. . . -.   0   62
Soude en combinaison orga-
  nique ou carbonatée.   3   1367

*Rapport de la matière minérale à la
  matière organique* ou coefficient mi-
  néralo-organique   11,23
Coefficient de diffusion minérale. . . .   0,959
Coefficient de diffusion organique. . .   8,53
Coefficient de minéralisation.   10,09

Coefficients de construction minérale

Acide sulfurique. . . .   1,93
Acide phosphorique. .   3,99
Chlore.   27,51
Chaux.   1,24
Magnésie.   0,89
Potasse.   3,08
Soude.   61,30
Fer.   0,046

Coefficients de constitution minérale.

Acide sulfurique.	0,21
Acide phosphorique. . .	0,44
Chlore.	3,09
Chaux.	0,139
Magnésie.	0,100
Potasse.	0,340
Soude.	6,880
Fer.	0,0051

Coefficients de corrélation minérale.

De l'acide sulfurique à l'acide phosphorique.	48,57
De l'acide phosphorique au chlore.	14.52
De la magnésie à la chaux. . . . , .	71,55
De la potasse à la soude.	5,02

Tableau récapitulatif.

Sérums	Densité	Pouvoir rotat	Élém. min.	Eléments organ.	Coeff. diff. min.
Bœuf n° 1...	1029,8	1/2°18'	9,40 °/oo	93,20 °/oo	1,04
— n° 2...	1029,8	1/2°22'	8,05 —	86,62 —	0,889
— n° 3...	1027,2	1/2°16'	8,76 —	77,98 —	0,959

Tableau comparatif de minéralisation

Sérums	Bases alcalines	Bases terreuses	Chlore	Phosph. combiné	Soufre combiné
Bœuf n° 1.	5,873 °/oo	0,24 °/oo	1,01 °/oo	0,44 °/oo	0,212 °/oo
— n° 2.	4,955 —	0,219 —	1,86 —	0,244 —	0,18 —
— n° 3.	5,64 —	0,187 —	2,41 —	0,153 —	0,068 —

Pour le sérum des trois bœufs, le coefficient de diffusion minérale le plus faible correspond au pouvoir rotatoire le plus élevé; exemple, le sérum du bœuf n° 2.

Le poids le plus grand du chlore correspond, par contre, au pouvoir rotatoire le moins élevé; exemple le sérum du bœuf n° 3.

Tableau comparatif du rapport de la matière minérale à la matière organique.

Sérums	Matière minérale	Matière organique	Rapports
Bœuf n° 1...	9,40 °/°°	93,20 °/°°	10.08
— n° 2...	8,05 —	86,62 —	9,29
— n° 3...	8,79 —	77,98 —	11,23

Le pouvoir rotatoire le plus élevé correspond au rapport de la matière minérale à la matière organique le plus faible ; exemple, le sérum de bœuf n° 2. Il semblerait donc que, plus le sérum de bœuf serait minéralisé, plus son pouvoir rotatoire serait faible. Avant de tenir cette proposition pour exacte, il nous faut examiner la qualité de la minéralisation.

Rapport des bases terreuses aux bases alcalines.

Bœuf n° 1 4,086
Bœuf n° 2 4,410
Bœuf n° 3 . . . 3,310

Pour les sérums des trois bœufs, le pouvoir rotatoire le plus élevé est en rapport avec le taux des bases terreuses ; exemple : le sérum du bœuf n° 2.

Rapport du chlore aux bases alcalines.

$$
\begin{array}{ll}
\text{Bœuf n° 1.} \ldots \ldots & 17,197 \\
\text{Bœuf n° 2.} \ldots \ldots & 37,537 \\
\text{Bœuf n° 3,} \ldots \ldots & 42,740
\end{array}
$$

Le sérum le plus riche en chlore est celui qui possède le pouvoir rotatoire le plus faible ; exemple, le sérum de bœuf n° 3.

Rapport du phosphore aux bases alcalines

$$
\begin{array}{ll}
\text{Bœuf n° 1.} \ldots & 7,49 \\
\text{Bœuf n° 2.} \ldots & 4,92 \\
\text{Bœuf n° 3.} \ldots & 2,71
\end{array}
$$

Le sérum qui contient le moins de phosphore est celui dont l'angle de rotation est le moins ouvert ; exemple, le sérum du bœuf n° 3.

Rapport de l'acide phosphorique aux bases terreuses

$$
\begin{array}{ll}
\text{Bœuf n° 1.} \ldots & 183,330 \\
\text{Bœuf n° 2.} \ldots & 111,415 \\
\text{Bœuf n° 3.} \ldots & 80,730
\end{array}
$$

Le rapport du phosphore aux bases terreuses le plus faible correspond au pouvoir rotatoire le plus faible ; exemple : le sérum du bœuf n° 3.

Rapport du soufre aux bases alcalines

Bœuf n° 1. . .   3,60
Bœuf n° 2. . .   3,63
Bœuf n° 3. . .   1,20

Le rapport du soufre aux bases alcalines le plus élevé correspond au pouvoir rotatoire le plus grand ; exemple : le sérum du bœuf n° 2.

Le rapport du soufre aux bases alcalines le plus faible correspond au pouvoir rotatoire le plus faible ; exemple : le sérum du bœuf n° 3.

Si nous récapitulons les observations consignées dans les tableaux précédents, nous constatons :

1° Un rapport inverse entre la valeur du coefficient de diffusion et la grandeur de l'angle de rotation r (Bœuf n° 2.) $(d > r <.)$

2° Un rapport inverse entre la matière minérale et la matière organique. (Bœuf n° 2.) $(m^o > m^o <.)$

3° La valeur de r est en rapport direct avec la valeur du rapport des bases alcalines aux bases terreuses. (Bœuf n° 2.) $(B^{ter.} < B^{alc.} > r <.)$

4° La valeur de r est en raison inverse du rapport du soufre aux bases alcalines. (Bœuf n° 2.) $(S < r < B^{alc.} >.)$

5° La densité, δ, n'est pas en rapport avec r. (Bœufs n°s 1 et 2.)

6° Le rapport du chlore moyen à la totalité de la matière minérale est en rapport direct avec le plus grand des angles de rotation des sérums des bœufs n°s 1, 2 et 3.

Nous avons dit, à propos de l'ovo-albumine, que l'addition des pouvoirs rotatoires d'une douzaine de blancs d'œufs divisée par leur nombre produisait le pouvoir rotatoire du mélange des albumines de douze œufs : ceci demande quelques explications.

Si nous étions en présence d'albumines chimiquement pures, l'action de chaque carbone asymétrique sur la lumière polarisée s'ajoutant l'une à l'autre algébriquement, nous serions en présence d'une ouverture angulaire de rotation en rapport avec le nombre et la qualité des carbones asymétriques. Mais nous nous trouvons en présence de corps mal définis, chez lesquels le poids du carbone total est variable, chez lesquels il existe, sans doute, des carbones asymétriques inverses, chez lesquels il existe de la dissymétrie ; nous nous trouvons en présence de corps dont la grandeur du pouvoir rotatoire est déformée par la présence de la matière minérale, tout comme se trouve déformée la grandeur du pouvoir rotatoire du saccharose par la présence des sels de chaux, par exemple. Dans ces conditions, la somme, le produit des angles de rotation différents de douze blancs d'œufs, ne saurait être l'expression exacte de la valeur de l'angle de rotation de l'albumine du blanc d'œuf, non seulement à cause des considérations précédentes, mais encore à cause de la déformation apportée à l'angle de rotation par la réaction des albumines des blancs d'œufs les unes sur les autres à l'état de mélange. Cependant, comme il est nécessaire que nous ayons un terme de comparaison, nous admettrons, en nous basant sur l'observation, que l'ouverture de l'angle de rotation $1/2^\circ$ 20' de l'ovo-albumine est l'angle de rotation moyen de l'ovo-albumine. Nous admettrons, pour les mêmes raisons, que le mélange des sérums de bœuf n°s 1, 2 et 3, représentera un sérum moyen du bœuf.

L'eau $= 905,33$ $^o/_{oo}$ du sérum moyen du bœuf ; la matière minérale $= 8,736$ $^o/_{oo}$; la matière organique $= 85,60$ $^o/_{oo}$, se rapprochent singulièrement de l'eau, de la matière minérale, de la matière organique du sérum du bœuf n° 2, sérum qui vient de nous offrir le plus grand nombre de rapports en concordance avec son angle de rotation $= 1/2^\circ$ 22'. L'ouverture de l'angle de rotation du sérum moyen du bœuf $= 1/2^\circ$ 18' ; sans doute, mais les rapports moyens des éléments de constitution du sérum moyen de bœuf, mais les rapports des éléments de minéralisation du sérum moyen de bœuf, ont varié avec l'involution des éléments de minéralisation des sérums des trois bœufs.

Sérum moyen du bœuf (3 bœufs).

Réaction : neutre, parfois très légère-
ment alcaline. Densité à + 15° C. . 1028,95
Pouvoir rotatoire lévogyre sous une
épaisseur de deux centimètres. . . . 1/2° 18'
Calculé . . . . 56'3
Pouvoir rotatoire moléculaire . . . . . 4°3
Eléments minéraux. . , . 8 gr. 736 p. 1000
Eau. 905 33
Eléments organiques. . . 85 60

Composition des éléments minéraux

Acide sulfurique. . . . 0 gr. 383 p. 1000
Acide phosphorique. . 0 64
Chlore. 2 003
Chaux. 0 1246
Magnésie. 0 096
Potasse. 0 228
Soude. 5 261
Fer métallique. 0 00384

D'où l'on peut tirer :

Sulfate de sodium. . . . . . 0,684 p. 1000
Phosphate de sodium. . . 0,8906

Phosphate de calcium. . .   0,3623 p. 1000
Phosphate de magnésium.   0,2086
Chlorure de sodium. . . .   2,495
Chlorure de potassium. . .   0,4583
Soude en combinaison or-
   ganique ou carbonatée. .   3.006

*Rapport de la matière minérale à la
matière organique ou coefficient mi-
nérolo-organique*   10,20
Coefficient de diffusion minérale   9,45
Coefficient de diffusion organique. . .   9,45
Coefficient de minéralisation.   9,25

Coefficients de construction minérale.

Acide sulfurique. . .   4,383
Acide phosphorique.   7,226
Chlore.   23,04
Chaux.   1,43
Magnésie.   1,15
Potasse.   2,923
Soude.   60,776

Coefficients de constitution minérale.

Acide sulfurique. . .   0,4296
Acide phosphorique.   0,72
Chlore.   2,363
Chaux.   0,1426
Magnésie.   0,102
Potasse.   0,263
Soude. ·   6,143

Coefficients de corrélation minérale

De l'acide sulfurique à l'acide phospho-
rique.   59,84
De l'acide phosphorique au chlore. . . .   31,95
De la magnésie à la chaux.   77,00
De la potasse à la soude.   4,33

Tableau comparatif de l'ovo-albumine moyenne
et du sérum moyen du bœuf.

Eléments dosés p. 1.000	Ovo-albumine	Bœuf
Matière minérale.	7 70	8 735
Eau.	865 00	905 33
Matière organique.	127 30	85 60
Acide sulfurique.	0 34	0 383
— phosphorique. . . .	1 473	0 64
Chlore	1 33	2 003
Chaux	0 26	0 1246
Magnésie.	0 125	0 096
Potasse.	0 619	0 228
Soude	3 54	5 261
Fer.	0 00637	0 00384

Sels

Sels	Ovo-albumine	Bœuf
Sulfate de sodium.	1 65	0 684
Phosphate de sodium . . .	1 84	0 8906
— de calcium. . .	0 758	0 3623
— de magnésium.	0 459	0 2086
Chlorure de sodium. . . .	1 420	2 495
— de potassium . .	0 980	0 4583
Soude libre.	1 089	3 00636

Caractères

Caractères	Ovo-albumine	Bœuf
Densité à + 15° c. .	1039	1028 96
Angle de rotation. .	1/2°20'	1/2°18'
Réaction	légèrement alcaline	neutre

L'ovo-albumine est un aliment autour du vitellus de l'œuf tout comme l'amidon ou un autre hydrocarbone est un aliment autour de la plantule. L'ovo-albumine est une albumine de sécrétion ; le sérum est une albumine de constitution. La composition de l'ovo-albumine et celle du sérum doivent

13

présenter des différences dans leurs éléments organiques et dans leurs éléments de minéralisation en
rapport avec leur destination ; c'est ce que nous démontrent les tableaux ci-dessus.

*Comparaison des rapports de l'ovo-albumine
et des rapports du sérum de bœuf.*

*Rapports de la matière minérale à la matière
organique.*

Ovo-albumine.	6,05
Sérum de bœuf.	10,20

Coefficient de diffusion minérale.

Ovo-albumine.	0,89
Sérum de bœuf.	0.962

Coefficients de diffusion organique.

Ovo-albumine.	14,71
Sérum de bœuf.	9,45

Coefficients de minéralisation.

Ovo-albumine.	5,7
Sérum de bœuf.	9,25

Coefficients de construction minérale.

Eléments minéraux	Ovo-albumine	Sérum de bœuf
Acide sulfurique.	4 41	4 383
— phosphorique. . . .	19 13	7 226
Chlore.	17 27	23 04
Chaux	3 57	1 43
Magnésie.	1 62	1 15
Potasse.	8 04	2 923
Soude	45 974	60 176
Fer métallique.	0 0827	0 0426

Coefficients de constitution minérale.

Eléments de minéralisation	Ovo-albumine	Sérum de bœuf
Acide sulfurique.	0 267	0 4296
— phosphorique. . . .	1 15	0 72
Chlore.	1 44	2 363
Chaux	0 204	0 1426
Magnésie.	0 098	0 102
Potasse.	0 486	0 263
Soude	2 78	6 143

Coefficients de corrélation minérale.

[Eléments de minéralisation	Ovo-albumine	Sérum de bœuf
De l'acide sulfurique à l'acide phosphorique.	23	59 84
De l'acide phosphorique au chlore.	90	31 95
De la magnésie à la chaux. . . .	48	77 00
De la potasse à la soude	17 49	4 33

L'eau et la matière minérale sont indispensables à l'aliment ovo-albumine pour ses transformations ultérieures, mais les transformations de l'ovo-albumine, aliment, seront nécessairement moins rapides que les transformations de l'albumine de constitution du sérum. L'eau et la matière minérale étant en rapport direct avec l'activité des tissus, nous trouvons une matière minérale plus grande et un coefficient de diffusion minérale plus élevé dans le sérum de bœuf que dans l'ovo-albumine. L'acide phosphorique, la chaux, la potasse de l'ovo-albumine sont au-dessous de l'acide phosphorique, de la chaux et de la potasse du sérum de bœuf; par contre, le chlore et la soude du sérum de bœuf sont au-dessus du chlore et de la soude de l'ovo-albumine. L'eau est plus grande dans le sérum de bœuf que dans l'ovo-albumine ; la matière organique est plus petite dans le sérum de bœuf que dans l'ovo-albumine ; ainsi, minéralisation plus grande, matière organique plus petite, eau plus abondante, chlore et bases alcalines plus denses, tels sont les éléments qui doivent déterminer principalement l'angle de rotation du sérum de bœuf par rapport à l'angle de rotation de l'ovo-albumine.

L'albumine réputée pure, l'albumine déminéralisée, est peu soluble ; l'ouverture de l'angle de rotation de l'albumine réputée pure, en solution aussi concentrée que possible, est petite. Une solution de 5 gr. 55 d'albumine pure dans 865 cmc. d'eau distillée, donne un angle de rotation de 0° 2' sous une épaisseur de 22 centimètres ; 5 gr. 55 centigr. d'albumine pure, traités par 2 cmc. de lessive de soude dans 40 cmc. d'eau distillée, se dissolvent en grande partie après 5 jours de contact et l'espèce de sérum surnageant donne, sous une épaisseur de deux centimètres, à une température de + 15° C., un angle de rotation lévogyre de 1/2° 6'.

Cette expérience démontre non seulement l'influence de la matière minérale, plus particulièrement de la soude, sur l'angle de rotation de l'albumine, mais encore l'influence de la température sur la transformation de l'albumine par la soude et sur les oscillations des atomes du carbone asymétrique de l'albumine.

Si l'on ajoute 80 cmc. d'eau distillée à la solution albumino-sodique dont il vient d'être question, le pouvoir rotatoire tombe, par suite de l'hydratation et de la diffusion, de 1/2° 6' à 0°12'. En ajoutant de l'acide chlorhydrique, à la solution, jusqu'à neutralisation exacte de la soude, l'ouverture de l'angle de rotation ne change pas sensiblement ; l'angle de rotation est encore de 0° 12'. Le chlorure de sodium, en solution dans la proportion de 1 0/0 environ, ne changerait donc pas la grandeur de l'angle de rotation, n'aurait pas d'influence sur le pouvoir rotatoire des albuminoïdes.

Que voyons-nous dans le sérum de bœuf ? La soude relativement abondante par rapport à la soude de l'ovo-albumine ; le chlore plus abondant dans le sérum de bœuf que dans l'ovo-albumine. Il semblerait que le pouvoir rotatoire du sérum de bœuf dût être supérieur au pouvoir rotatoire de l'ovo-albumine; mais nous devons faire abstraction des chlorures qui ne paraissent pas influencer le pouvoir rotatoire en solutions faibles ; nous devons tenir compte de la dilution du sérum de bœuf qui est de 10 0/0 plus grande que la dilution de l'ovo-albumine ; nous devons tenir compte de la dilution de la matière organique du sérum de bœuf qui est de 36 0/0 plus grande que la dilution de la matière organique de l'ovo-albumine ; la dilution de la matière organique du sérum de bœuf n'est point compensée par l'excès de la minéralisation du sérum de bœuf par rapport à la minéralisation de l'ovo-albumine.

Les sels du sérum de bœuf sont de même nature que les sels de l'ovo-albumine, mais leurs poids sont différents. Les sulfates, les phosphates du sérum de bœuf sont inférieurs, en poids, aux sulfates et aux phosphates de l'ovo-albumine ; le poids de la soude du sérum de bœuf est de beaucoup supérieur au poids de la soude de l'ovo-albumine. L'ovo-albumine et le sérum de bœuf ont, donc, une constitution minérale différente et une constitution organique également différente.

Les corps optiquement inactifs sont plus rares, toutes proportions gardées, dans le sérum de bœuf que dans l'ovo-albumine.

Si nous attribuons une même unité d'albumine à une même unité de sels, nous voyons que l'angle de rotation sera influencé dans le sérum du bœuf par le groupement des albumino-sels ; nous aurons pour le sérum de bœuf la plus grande quantité d'albumine qui sera liée aux chlorures indifférents optiquement, tandis que pour l'ovo-albumine nous avions la plus grande quantité d'albumine liée au phosphate disodique qui élargit l'ouverture de l'angle de rotation.

Dilution plus grande ; albumino-sels de poids inégaux, et de qualités différentes, telles sont les conditions qui font le pouvoir rotatoire du sérum de bœuf plus petit que le pouvoir rotatoire de l'ovo-albumine.

CINQUIÈME LEÇON

Messieurs,

La couleur du sérum du taureau est jaune d'or.

Analyse du sérum du taureau (unique).

Réaction : neutre au papier de tournesol.

Densité à + 15° c..............	1.027,9
Pouvoir rotatoire lévogyre sous une épaisseur de 2 centimètres, trouvé................	1/2° 18'
Calculé.....................	53'91
Pouvoir rotatoire moléculaire..	4° 1'
Eléments minéraux...........	14,20 p.1000
Eau	906,90
Eléments organiques..........	78,90

Composition des éléments minéraux.

Acide sulfurique...............	0,63 p. 1000
— phosphorique...........	1,03

13.

Chlore..........................	4,55
Chaux..........................	0,084
Magnésie.......................	0,042
Potasse........................	0,27
Soude..........................	7,50
Fer............................	0,0046

D'où l'on peut tirer :

Sulfate de sodium.................	1,120
Phosphate disodique..............	1,281
Phosphate dipotassique..........	0,500
Phosphate bi-calcique...........	0,245
Phosphate bi-magnésien	0,154
Chlorure de sodium..............	7,590
Soude en combinaison organique ou carbonatée	3,540

Coefficient minéralo-organique.....	17,99
Coefficient de diffusion minérale...	1,56
Coefficient de diffusion organique..	8,69
Coefficient de minéralisation.......	15,25

Coefficients de construction minérale.

Acide sulfurique.................	4,43
Acide phosphorique...............	7,25
Chlore	32,04
Chaux	0,59
Magnésie.......................	0,29
Potasse	1,90
Soude..........................	53,45
Fer............................	0,032

Coefficients de constitution minérale.

Acide sulfurique..............   0,79
— phosphorique...........   1,30
Chlore   5,77
Chaux   0,10
Magnésie....................   0,053
Potasse   0,34
Soude.....................   9,61
Fer......................   0,0058

Coefficients de corrélation minérale.

De l'acide sulfurique à l'acide phosphorique..   61,165
De l'acide phosphorique au chlore............   13,85
De la magnésie à la chaux..................   50,00
De la potasse à la soude....................   3,60

L'eau et la matière minérale abondantes du sérum du taureau nous indiquent une activité vitale supérieure à celle du bœuf. Cela n'a pas lieu de nous surprendre, malgré le faible contingent des éléments organiques. Quant au pouvoir rotatoire du sérum du taureau, 1/2° 18', il est, malgré l'infériorité des éléments organiques, sensiblement égal au pouvoir rotatoire du sérum du bœuf ; ceci prouve que la matière organique, que le poids des albuminoïdes d'un sérum n'est point tout dans le pouvoir rotatoire de ce sérum ; que le pouvoir rotatoire des albuminoïdes est influencé par la minéralisation totale, principalement, puisque le coefficient de diffusion minérale est élevé et que les corps optiquement inactifs sont moins denses dans le sérum du taureau que dans le sérum du bœuf.

Avant toute discussion, il me paraît convenable de placer sous vos yeux, en un tableau de comparaison, les éléments de minéralisation du sérum du bœuf et du sérum du taureau.

Coefficients.	Sérum de bœuf.	Sérum de taureau.
Densités.	1028,96	1027,9
Coeff. minéralo-organique.	10,20	17,99
Coeff. de diffusion minérale.	0,962	1,56
— diffusion organique.	9,45	8,69
— minéralisation.	9,25	15,25
— construct. minérale.	4,383 - 7,226 - 23,04 - 1,43 - 1,15. - 2,923 - 60,176.	4,43 - 7,25,32, 04-0,59-0,29- 1,90-53,45.
— constitut. minérale.	0,4296- 0,72 - 2,363-0,1436- 0,102 -0,263 - 6,143.	0,79-1,30-5,77 0,10 - 0.053 - 0,34-9.61.
— corrélat. minérale.	59,84 - 31,95 - 77-4,33.	61,165-13,85- 50-3,60.

Rapport des bases terreuses aux bases alcalines.

Sérum de bœuf...... 4,00
Sérum de taureau... 1.62

C'est l'albumine des sérums qui possède la propriété de faire tourner le plan de la lumière polarisée ; c'est l'albumine des sérums qui possède l'activité optique ; c'est incontestable ; c'est l'eau, c'est la matière minérale qui possèdent la propriété de modifier l'ouverture de l'angle de rotation des sérums ; c'est non moins incontestable.

Il est certain que le pouvoir rotatoire du sérum du taureau serait inférieur au pouvoir rotatoire du sérum du bœuf, si une plus grande minéralisation du sérum du taureau ne venait compenser, tout à la fois, et la dilution et la faiblesse de la matière organique, des albuminoïdes du sérum du taureau. En effet, le coefficient de diffusion de la matière minérale dans le sérum du bœuf est de 0,962, tandis que le coefficient de diffusion de la matière minérale dans le sérum du taureau est de 1,56. Le coefficient de minéralisation est de 9,25 pour le sérum du bœuf et il est de 15,25 pour le sérum du taureau ; le coefficient minéralo-organique du sérum du bœuf est de 10,20 ; le coefficient minéralo-organique du sérum du taureau est de 17,99, soit de 44 0/0 plus élevé que le coefficient minéralo-organique du sérum du bœuf.

L'étude du rapport de l'angle de rotation de l'ovo-albumine et du sérum du bœuf nous a démontré que si la matière minérale tout entière agissait sur l'ouverture de l'angle de rotation des albuminoïdes, certains sels avaient une action plus accusée que d'autres sur leur pouvoir rctatoire ; au nombre de ces sels se trouvent les phosphates.

J'ai fait passer sous vos yeux les rapports du chlore, de l'acide sulfurique et de l'acide phosphorique, de la matière organique dans le sérum du bœuf et dans le sérum du taureau ; dans le tableau suivant, je vais vous montrer les rapports du chlore, de l'acide sulfurique et de l'acide phosphorique, de la matière organique dans le blanc d'œuf, dans le sérum du bœuf et dans le sérum du taureau.

Rapport du chlore à la matière organique de l'ovo-albumine, du sérum de bœuf et du sérum de taureau.

Ovo-albumine ...	Chlore..... 1,33	Matière org. 127,30	Rap. 1,0447
Sérum de bœuf..	Chlore..... 2,003	Matière org. 85,60	Rap. 2,363
Sérum de taureau.	Chlore..... 4,55	Matière org. 78,90	Rap. 5,77

Rapport de l'acide sulfurique à la matière organique de l'ovo-albumine, du sérum de bœuf et du sérum de taureau.

Ovo-albumine...	Acide sulfu. 0,34	Matière org. 127,30	Rap. 0,267

Sérum de bœuf.. $\left\{\begin{array}{ll}\text{Acide sulfu.} & 0,383 \\ \text{Matière org.} & 85,60\end{array}\right\}$ Rap. 0,4357

Sérum de taureau. $\left\{\begin{array}{ll}\text{Acide sulfu.} & 0,63 \\ \text{Matière org.} & 78,90\end{array}\right\}$ Rap. 0,7934

Rapport de l'acide phosphorique à la matière organique de l'ovo-albumine, du sérum de bœuf et du sérum de taureau.

Ovo-albumine... $\left\{\begin{array}{ll}\text{Acide phos.} & 1,473 \\ \text{Matière org.} & 127,30\end{array}\right\}$ Rap. 1,15

Sérum de bœuf.. $\left\{\begin{array}{ll}\text{Acide phos.} & 0,64 \\ \text{Matière org.} & 85,60\end{array}\right\}$ Rap. 0,72

Sérum de taureau. $\left\{\begin{array}{ll}\text{Acide phos.} & 1,03 \\ \text{Matière org.} & 78,90\end{array}\right\}$ Rap. 1,30

Les chlorures et les sulfates retiennent de l'eau ; il importe donc que nous établissions le rapport des chlorures et des sulfates avec l'eau de l'ovo-albumine, du sérum de bœuf et du sérum de taureau, plutôt pour apprécier l'état d'hydratation ou de diffusion de ces combinaisons salines que pour établir la quantité d'eau qu'ils retiennent, eau dont nous pouvons déterminer le poids, eau dont nous connaissons le poids.

Rapport des sulfates alcalins avec l'eau de l'ovo-albumine, du sérum de bœuf et du sérum de taureau.

Ovo-albumine... $\left\{\begin{array}{ll}\text{Sulfates alc.} & 1.65 \\ \text{Eau.......} & 865.\end{array}\right\}$ Rapp. 0. 19

Sérum de bœuf... $\left\{\begin{array}{l}\text{Sulfates alc. 0.684}\\\text{Eau ...... 905.33}\end{array}\right\}$ Rapp.. 0.0755

Sérum de taureau. $\left\{\begin{array}{l}\text{Sulfates alc. 1.12}\\\text{Eau ...... 906.90}\end{array}\right\}$ Rapp.. 0.123

Rapport des chlorures alcalins avec l'eau de l'ovo-albumine, du sérum de bœuf et du sérum de taureau.

Ovo-albumine.... $\left\{\begin{array}{l}\text{Chlor. alc.} \quad 2.40\\\text{Eau ...... 865.}\end{array}\right\}$ Rapp.. 0,277

Sérum de bœuf.. $\left\{\begin{array}{l}\text{Chlor. alc.} \quad 2.9543\\\text{Eau ...... 905.33}\end{array}\right\}$ Rapp.. 0.326

Sérum de taureau. $\left\{\begin{array}{l}\text{Chlor. alc.} \quad 7.590\\\text{Eau ...... 906.90}\end{array}\right\}$ Rapp.. 0.836

Nous ne pouvons pas nous borner aux rapports de deux combinaisons salines avec l'eau des sérums pour rechercher, comme nous le tentons, les rela·tions du pouvoir rotatoire avec la minéralisation des sérums ; quel que soit l'état sous lequel nous envisageons les sels en solution dans les sérums, au contact de la matière organique, il nous faut, après avoir indiqué la relation des éléments constituants des sels **avec** l'eau, avec la matière organique, comme nous l'avons fait, il nous faut rapprocher toutes les combinaisons salines, séparément, de l'eau et de la matière organique des sérums et de l'ovo-albumine.

Rapport des sels de l'ovo-albumine, du sérum de bœuf et du sérum de taureau avec leur eau.

Ovo-albumine

Sels	Poids des sels	Eau	Rapports
Sulfate de sodium..........	0,62	865	0,0717
Phosphate disodique........	1,871	»»	0,216
Phosphate bi-calcique......	0,756	»»	0,0874
Phosphate bi-magnésien....	0,429	»»	0,0496
Chlorure de sodium........	1,376	»»	0,159
— de potassium......	0.991	»»	0,114
Soude disponible...........	0,429	»»	0,0496

Sérum de bœuf

Sels	Poids des sels	Eau	Rapports
Sulfate de sodium..........	0,684	905,33	0.0755
Phosphate de sodium.......	0,8906	»»	0.0984
Phosphate de calcium......	0,3623	»»	0,04
Phosphate de magnésium...	0,2086	»»	0,023
Chlorure de sodium........	2,495	»»	0.275
Chlorure de potassium......	0.4583	»»	0.05
Soude disponible...........	3,006	»»	0.0332

Sérum de taureau

Sels	Poids des sels	Eau	Rapports
Sulfate de sodium..........	1,12	906,90	0,123
Phosphate de sodium.......	1,281	»»	0,141
Phosphate de potassium....	0,50	»»	0,055
Phosphate de calcium......	0,245	»»	0.027
Phosphate de magnesium ...	0,154	»»	0,0169
Chlorure de sodium........	7,590	»»	0,836
Soude disponible...........	3,54	»»	0,390

Rapport des sels de l'ovo-albumine, du sérum du bœuf et du sérum du taureau avec leur matière organique.

Ovo-albumine

Sels	Poids des sels	Matière org.	Rapports
Sulfate de sodium	0,62	127,30	0,487
Phosphate de sodium........	1,871	»»	0,139
Phosphate de calcium......	0,756	»»	0,60
Phosphate de magnésium...	0,429	»»	0,33
Chlorure de sodium........	1,376	»»	1,08
— de potassium......	0,991	»»	0,778
Soude disponible...........	0,429	»»	0,337

Sérum de bœuf

Sels	Poids des sels	Matière org.	Rapports
Sulfate de sodium..........	0,684	85,60	0,799
Phosphate de sodium	0,8906	»»	1,04
Phosphate de calcium......	0,3623	»»	0,423
Phosphate de magnésium...	0,2086	»»	0,243
Chlorure de sodium........	2,495	»»	2,91
— de potassium......	0,4583	»»	0,535
Soude disponible...........	3,006	»»	3,51

Sérum de taureau

Sels	Poids des sels	Matière org.	Rapports
Sulfate de potassium.......	1,12	78.90	1,41
Phosphate de sodium.......	1,281	»»	1,62
Phosphate de potassium....	0,50	»»	0.633
Phosphate de calcium......	0.245	»»	0,31
Phosphate de magnésium...	0,154	»»	0,195
Chlorure de sodium........	7,59	»»	9,61
Soude disponible...........	3,54	»»	4,48

Je vous ferai remarquer, en passant, que la chaux se rencontre en proportions plus grandes, d'environ 33 0/0, dans le sérum du bœuf que dans le sérum du taureau. Lorsque j'ai analysé les muscles du bœuf et du taureau, j'ai également constaté un écart sensible entre la chair musculaire du bœuf et du taureau ; voir : (*Cours de Minéralogie biologique,* 3ᵉ série.) L'analyse du sérum de bœuf et du sérum du taureau confirme, comme je vous l'avais fait prévoir, que le bœuf est réellement plus chargé de chaux que le taureau, au même âge, pour un même poids, sans distinction de race. Je ne reviendrai point sur les considérations que j'ai développées, notamment, dans la neuvième leçon de la 3ᵉ série du *Cours de minéralogie biologique,* touchant l'excès de chaux que l'on trouve chez le bœuf par rapport aux autres animaux de son espèce. Le bœuf, d'ailleurs, n'est pas le seul animal privé des glandes génitales qui présente une nutrition particulière ; vous connaissez les phénomènes pathologiques qui accompagnent la castration chez les deux sexes, dans l'espèce humaine.

Les chlorures et les sulfates alcalins, ai-je dit, retiennent de l'eau dans l'organisme. Je considère, avec M. Etard et d'autres savants estimés, les dissolutions des sels comme des hydradations successives.

Les albuminoïdes sont solubles dans les solutions

faibles des sels neutres, dans les solutions jusqu'à 1 0/0 de sels neutres, parce que leur présence ne gêne point l'hydratation des sels neutres. Dans les solutions de sels neutres au-dessus de 1 0/0 de sels, l'hydratation des sels neutres est arrêtée par la présence des albuminoïdes et l'hydratation des sels neutres s'opérant plus rapidement que l'hydratation des albuminoïdes, les albuminoïdes sont précipitées ; autrement dit, les sels neutres se dissolvant en proportions plus considérables, pour le même volume d'eau, que les albuminoïdes, les albuminoïdes sont précipitées. L'hydratation de solution s'arrêtant au seuil de la diffusion, au moment où les corps en combinaison reprennent leur liberté d'action sous la forme d'acides et de bases ou d'ions, l'albumine se combine, en sa qualité d'acide, au sel neutre, et se dissout avec le sel neutre dont la faiblesse de poids détermine l'infériorité. En effet, les sels neutres, en solution saturée, précipitent les albumines de leurs solutions, les sels neutres épuisant, en quelque sorte, la capacité du dissolvant.

L'ovo-albumine est une solution *quasi*-saturée d'albumine ; il est impossible, le plus souvent, de faire dissoudre de l'ovo-albumine dans le blanc d'œuf sans précipiter de l'albumine. Le sérum possède une capacité de dissolution plus grande ; il peut supporter quelques grammes de sérine, d'albumine du sérum, de séro-albumine. Lorsqu'on ajoute de la séro-albumine sèche à un sérum, il se produit un précipité qui va du simple loúche au précipité franc, nettement accusé, abondant, parfois.

Si l'on a pris la précaution de faire l'analyse minérale de la séro-albumine sèche, et de la séro-albumine du sérum auquel on ajoute la séro-albumine sèche, l'on constate que la minéralisation des deux albumines est différente ; cette différence de minéralisation explique, à mon avis, les perturbations que l'on constate dans la séro-albumine à laquelle on ajoute de la séro-albumine de même espèce, c'est-à-dire de la séro-albumine de bœuf, s'il s'agit d'un sérum de bœuf, de la séro-albumine de taureau, s'il s'agit d'un sérum de taureau, etc.

Vous savez qu'on étudie, en ce moment, avec quelque passion, les réactions des sérums pathologiques sur des sérums normaux d'une même espèce ; les réactions des sérums normaux ou pathologiques d'une espèce sur les sérums d'autres espèces ; et, les expérimentateurs se perdent en conjectures sur les causes des phénomènes, d'ailleurs très intéressants, qu'ils constatent. L'absence de l'analyse chimique alimente leurs controverses et les empêche de voir clair dans les réactions qui se passent au contact d'un sérum pathologique et d'un sérum normal, au contact du sérum d'une espèce déterminée et du sérum d'un animal d'une autre espèce. Quatre coefficients interviennent dans les réactions entre sérums : les coefficients de diffusion minérale et de diffusion organique ; les coefficients de construction et de constitution minérale des sérums. Les albuminoïdes participent, sans doute, aux réactions des sérums les uns sur les autres, mais elles y participent à cause de leur minéralisation et par leur minéralisation. Le poids moléculaire des albumino-sels varie d'une manière frappante, du sérum de bœuf au sérum de taureau, du sérum d'un animal d'une espèce au sérum d'un autre animal de la même espèce, du sérum d'un animal d'une espèce au sérum d'un animal d'une autre espèce, la suite de ces leçons vous le démontrera ; à plus forte raison, le groupement moléculaire des albumino-sels varie-t-il, du sérum d'un animal à l'état pathologique au sérum d'un autre animal à l'état de santé.

Les propriétés physiques des sérums, et leur pouvoir rotatoire tout particulièrement, sont affectées par les modifications de leurs propriétés chimiques. En effet, tout changement ou toute variation dans les éléments de constitution des sérums altère leur pouvoir rotatoire si les éléments défaillants ou excédants ne sont point compensés entre eux. Ainsi, nous pouvons rencontrer, ce qui est le cas pour le bœuf et le taureau, deux sérums ayant un pouvoir rotatoire sensiblement égal par le fait d'une compensation physique et chimique de leurs éléments, quoique possédant une constitution chimique différente, ce qui, par parenthèse, leur permet de réagir, chimiquement, l'un sur l'autre.

Les rapports que je vous ai exposés plus haut, du chlore, du soufre, à la matière organique, des sulfates et des chlorures à l'eau paraissent, tous, contradictoires ; nous trouvons, en effet, un pouvoir rotatoire de 1/2° 18' avec 0 gr. 0755 de sulfates, et 0 gr. 326 de chlorures pour cent d'eau ; et pareillement, un pouvoir rotatoire de 1/2° 18' avec 0 gr. 123 de sulfates et 0 gr. 836 de chlorures pour cent d'eau ; de même, nous trouvons un pouvoir rotatoire de 1/2° 18' avec 2 gr. 363 et 5 gr. 77 pour cent de matière organique.

Poussons plus avant nos investigations ; comparons les bases terreuses aux bases alcalines dans les sérums de bœuf et de taureau.

Bœuf....	{ Bases terreuses. 0^{gr}. 2206 { Bases alcal.... 5 489	} Rapp.... 0,40
Taureau .	{ Bases terreuses. 0^{gr}. 126 { Bases alcal.... 7 77	} Rapp.... 0,162

Le rapprochement des rapports des bases terreuses aux bases alcalines des sérums de bœuf et de taureau est loin de nous expliquer, encore, l'égalité de l'ouverture de l'angle de rotation du sérum de bœuf et du sérum de taureau.

Nous avons comparé, entre eux, le chlore, le soufre, les bases terreuses et les bases alcalines, mais nous n'avons pas encore parlé du phosphore, de l'acide phosphorique.

Le rapport de l'acide phosphorique au chlore est de 22,64 dans le sérum de taureau ; le rapport de l'acide phosphorique au chlore est de 31,95 dans le sérum de bœuf.

Vous avez remarqué, certainement, que dans le sérum de taureau, il n'existe point de chlorure de potassium, d'après notre hypothèse, car la chaux et la magnésie laissaient de l'acide phosphorique libre que nous avons combiné avec la potasse.

Le sérum du taureau contient 2 gr. 18 de phosphates et le sérum du bœuf en contient 1 gr. 4615.

Le sérum du bœuf contient 0 gr. 684 de sulfate de sodium et le sérum du taureau en contient 1 gr. 12.

En outre, la soude en combinaison avec la matière organique ou à l'état de carbonate est de 3 gr. dans le sérum de bœuf et de 3 gr. 54 dans le sérum de taureau.

Le rapport de la matière organique à l'eau est de 8,70 pour le sérum de taureau et de 9,45 pour le sérum de bœuf.

Le poids seul de la matière organique ne nous fournit point les raisons qui font les pouvoirs rotatoires du sérum de bœuf et du sérum de taureau sensiblement égaux ; le pouvoir rotatoire du sérum de bœuf devrait être plus élevé que le pouvoir rotatoire du sérum de taureau, si, faisant abstraction de toute minéralisation, nous considérons séparément les albuminoïdes et l'eau du sérum de bœuf et du sérum de taureau, puisque le pouvoir rotatoire d'une substance augmente ou diminue, sous une même épaisseur, selon sa dilution ou selon sa concentration ; or, les albuminoïdes du sérum de taureau sont plus diluées que les albuminoïdes du sérum de bœuf.

Ainsi, rien de ce qui constitue le sérum de bœuf n'est superposable à ce qui constitue le sérum de taureau, sauf l'activité optique constatée.

Nous pouvons considérer l'activité optique de l'ovo-albumine, des sérums, comme une résultante de toutes les influences réciproques des substances qui entrent dans leur constitution ; c'est pourquoi, la comparaison de l'un des éléments de constitution d'une albuminoïde avec l'un des éléments de constitution d'une autre albuminoïde ne peut pas éclai-

14

rer la relation du pouvoir rotatoire de ces deux albuminoïdes.

La matière minérale, les sels, influencent d'une manière remarquable le pouvoir rotatoire des albuminoïdes. L'action de la matière minérale sur le pouvoir rotatoire des albuminoïdes est double ; cette action est d'ordre physique et d'ordre chimique.

Dégageons d'abord l'eau des sérums de bœuf et de taureau ; dégageons ensuite les corps doués du pouvoir rotatoire, la matière organique, des sérums de bœuf et de taureau ; il nous reste la matière minérale, les sels.

Les sels, au point de vue de leur action sur le pouvoir rotatoire des sérums peuvent se diviser en deux catégories : 1º les sels qui modifient la valeur du pouvoir rotatoire des albuminoïdes ; 2º les sels qui n'ont aucune influence sur le pouvoir rotatoire des albuminoïdes ou qui n'ont qu'une influence indirecte sur le pouvoir rotatoire.

Parmi les sels qui ont une influence sur le pouvoir rotatoire des sérums, il faut distinguer : 1º les sels qui agissent sur les albuminoïdes chimiquement, en se combinant directement avec les albuminoïdes ; tel est le cas des sels de calcium notamment et, d'une manière moins accusée, des sels de magnésium ; 2º les sels qui atteignent à la diffusion plus rapidement que les autres sels ; tel est le cas des sels de potassium.

Les sels de sodium, dont la diffusion est fort lente, n'exercent point d'action sur l'angle de rotation des albuminoïdes des sérums, à l'état de chlorures, tout au moins ; cependant, ils peuvent avoir une influence par concentration, sur la grandeur de l'angle de rotation.

L'action des sels sur les albuminoïdes est corrélative des combinaisons des albuminoïdes avec la matière minérale, de la constitution des albuminates. Au point de vue bio-chimique, les albuminates sont régis par la loi suivante : *Plus les combinaisons minérales avec lesquelles l'albumine est liée sont solubles, moins elles entraînent d'albumine ; et, réciproquement, moins les combinaisons minérales avec lesquelles l'albumine est liée sont solubles, plus elles entraînent d'albumine.* (J. Gaube [du Gers], *De l'albuminaturie carbonatée, Société de Biolog.*, 7 mai 1892.)

Les corps dextrogyres du sérum de bœuf estimés en glucose, équivalent 1 gr. 495 de glucose 0/00 ; les mêmes corps dextrogyres équivalent 1 gr. 72 de glucose 0/00 dans le sérum du taureau. Le faible poids des corps dextrogyres, leur grande dilution, limite, annule presque leur influence sur les corps lévogyres des sérums de bœuf et de taureau.

Le sérum de taureau possède, avec une matière organique plus petite que la matière organique du sérum de bœuf, une matière minérale plus grande, un volume d'eau presque égal, un pouvoir rotatoire sensiblement égal au pouvoir rotatoire du sérum de bœuf. Les éléments de minéralisation du sérum du taureau se distinguent nettement des éléments de minéralisation du sérum du bœuf ; les sels de minéralisation du sérum du taureau ne sont point de même nature que les sels de la minéralisation du sérum du bœuf ; ils en diffèrent notamment par la présence du phosphate de potassium.

Les phosphates, les sulfates alcalins, les chlorures alcalins, mais principalement les phosphates, les sulfates et le chlorure de sodium agissent comme dissolvants des albuminoïdes et n'atteignent, pour cette raison, que de peu leur pouvoir rotatoire ; je ne parle ici, bien entendu, que du rôle des phosphates, des sulfates et du chlorure de sodium dans leurs rapports avec le pouvoir rotatoire ; ces sels sont, vis-à-vis du pouvoir rotatoire, de simples dissolvants des albuminoïdes, ce qui ne les empêche point de concourir largement à leurs transformations chimiques.

Les substances vraiment actives dans l'expression du pouvoir rotatoire réel des albuminoïdes sont : la chaux, la magnésie et la potasse, à l'état de combinaison.

L'expérience nous a démontré que 0 gr. 013656 de chaux faisaient tomber le pouvoir rotatoire d'une albuminoïde, en solution, dans la proportion de 9 gr. 40 dans 100 grammes d'eau, de 0,04 ; que dans la même solution, 0,010386 de magnésie faisaient tomber le pouvoir rotatoire de 0,022 ; que dans la même solution, 0,019854 de potasse faisaient tomber le pouvoir rotatoire de 0,024.

Le sérum du taureau contient 0,0084 de chaux pour 100 grammes d'eau ; il contient 8 gr. 69 de matière organique supposée optiquement active ; si, dans une solution à 9,40 0/0, 0,013656 de chaux font baisser le pouvoir rotatoire de 0,04, dans une solution à 8,69 0/0, 0,0084 de chaux feront baisser le pouvoir rotatoire de x.

$$\frac{0,0084 \times 0,04}{0,013656} = 0.024$$

$$\frac{0,024 \times 8,69}{9,40} = 0,022$$

Le même raisonnement s'applique à la magnésie et à la potasse ; on ajoute le nombre de minutes fourni par la chaux, la magnésie et la potasse au nombre de minutes fourni par l'observation directe, au polarimètre, sous une épaisseur de deux centi-

14.

mètres ; et, c'est sous une épaisseur de deux centimètres que j'ai examiné la solution type de 9,40 0/0. Le nombre de minutes trouvé serait l'expression de l'ouverture réelle de l'angle de rotation du sérum de taureau, si la chaux, la magnésie, la potasse n'intervenaient point pour modifier la grandeur de l'angle de rotation ; l'angle de rotation du sérum de taureau, sous une épaisseur de deux centimètres est, à l'observation, de 48', il devrait être, en réalité, de 53'9 si cet angle n'était pas rétréci par une portion de la matière minérale contenue dans le sérum de taureau.

La formation des sels de potasse dégage plus de chaleur que la formation des sels de soude ; contrairement aux hypothèses de constructions salines que j'ai cherché à rendre aussi claires que possible, nous pouvons prévoir que la formation des sels de potasse précède la formation des sels de soude et que, s'il est vrai que la potasse combinée avec l'albumine, augmente considérablement le pouvoir rotatoire de l'albumine, s'il est vrai que l'albuminate de potassium a un pouvoir rotatoire beaucoup plus élevé que celui de l'albumine, l'expérience nous démontre que le phosphate de potasse, tout au moins, diminue le pouvoir rotatoire des albuminoïdes.

Le résultat des calculs ci-dessus est très approximatif ; il peut ne pas être absolument exact, à cause des corps optiquement inactifs, sous un faible poids assurément, qui accompagnent la matière organique que j'ai considérée comme douée tout entière d'activité optique, à cause des erreurs toujours possibles dans le dosage des corps, chaux, magnésie, potasse qui concourent, à fermer l'angle de rotation, à cause de l'ignorance où nous sommes de la valeur qu'apporte à l'expression du pouvoir rotatoire, la concentration des sérums par la matière minérale inactive.

Nous comparerons, plus loin, le pouvoir rotatoire moléculaire tiré de la formule $\dfrac{\alpha}{\varepsilon.\ \delta.\ \lambda.}$ au pouvoir rotatoire que nous donne l'action inactive de la chaux, de la magnésie et de la potasse.

L'écart entre l'angle de rotation calculé et l'angle de rotation observé est nettement marqué, comme vous le voyez, pour le sérum de bœuf et pour le sérum de taureau ; bœuf = 56'3 ; taureau = 53'9 ; cet écart est de trois minutes ; il provient de la qualité de la matière minérale, des corps optiquement inactifs et inversement actifs, tant petits soient-ils, et aussi, du coefficient de diffusion de la matière organique des deux sérums.

SIXIÈME LEÇON

Messieurs,

Le sérum de veau a une couleur jaune serin grisâtre.

Analyse du sérum de veau (unique).

Réaction : neutre au papier de tournesol ;
Densité à $+ 15°$ c...................... 1026.7
Pouvoir rotatoire, sous une épaisseur de
    deux centimètres : trouvé.......... 1/2° 16'
    Calculé.............................. 54'4
Pouvoir rotatoire moléculaire........... 4° 5
Eléments minéraux.................... 8 gr. 50 $°/_{00}$
Eau................................. 914   20 —
Eléments organiques.................. 77   30 —

Composition des éléments minéraux

Acide sulfurique................. 0,276 p. 1000
Acide phosphorique.............. 0,293
Chlore.......................... 2,090

Chaux 0,222
Magnésie........................ 0,078
Potasse 0,277
Soude........................... 5,353
Fer 0,0021

D'où l'on peut tirer :

Sulfate de sodium 0,408
Phosphate de sodium............. 0,000
Phosphate de calcium 0,355
Phosphate de magnésium 0,2086
Chlorure de sodium............. 2,95
Chlorure de potassium 0.636
Soude en combinaison organique ou
   carbonatée 3.609

Coefficient minéralo-organique ... 10,99
Coefficient de diffusion minérale.. 0,929
Coefficient de diffusion organique. 8,45
Coefficient de minéralisation..... 9,90

Coefficients de construction minérale.

Acide sulfurique................. 3,24
Acide phosphorique 3,44
Chlore.......................... 24,58
Chaux 1,43
Magnésie........................ 0,91
Potasse 3,35
Soude........................... 62,97

Coefficients de constitution minérale

Acide sulfurique................... 0,34
Acide phosphorique.............. 0,379
Chlore 2,70
Chaux 0,15
Magnésie 0,10
Potasse 0,35
Soude...................... 6.92

Coefficients de corrélation minérale

De l'acide sulfurique à l'acide phos-
    phorique......................., 94,19
De l'acide phosphorique au chlore. 14,00
De la magnésie à la chaux........ 63,93
De la potasse à la soude 5,174

Rapport des bases terreuses aux bases alcalines

Bases terreuses .... 0,30 ⎫
Bases alcalines .... 5,63 ⎭ Rapports... 3.582

La quantité d'eau que contiennent les sérums est en rapport, comme pour les tissus, avec l'activité vitale des individus, à l'état normal. Le sérum de veau contient plus d'eau que le sérum du bœuf, que le sérum du taureau, c'est-à-dire que les solutions albuminoïdes dont je me suis occupé jusqu'ici ; cela devait être ; c'est un état normal. Je vous ai déjà fait remarquer, dans la leçon précédente, que pour les mêmes raisons, le taureau avait une activité vitale supérieure à celle du bœuf.

Si nous considérons la matière organique et l'eau, le coefficient de diffusion de la matière minérale, nous soupçonnerons, nous pourrons prévoir, pour le sérum de veau, un angle de rotation peu élevé, moins élevé que celui du taureau, moins élevé que celui du bœuf.

Les coefficients qui permettent de conjecturer la grandeur du pouvoir rotatoire d'un sérum, le coefficient de diffusion, le coefficient de minéralisation et le coefficient minéralo-organique, ont des valeurs différentes pour le sérum du bœuf, pour le sérum du taureau et pour le sérum du veau.

Tableau comparatif.

Coefficients	Bœuf	Taur.	Veau
De minéralisation	9,25	15,25	9,90
De diffusion minérale	0,962	1,56	0,929
Minéralo-organique	10,20	17,99	10,99

Les trois coefficients du sérum du taureau sont tellement au-dessus des coefficients du sérum du bœuf et du sérum du veau qu'ils ne peuvent que difficilement leur être comparés. Les coefficients du sérum du bœuf et du sérum du veau sont, au contraire, assez rapprochés pour supporter la comparaison. Nous constatons que le coefficient de minéralisation du sérum du veau est plus grand que le coefficient de minéralisation du sérum du bœuf ; nous constatons que le coefficient de diffusion minérale du sérum du bœuf est légèrement plus grand que le coefficient de diffusion du sérum du veau ; que le coefficient minéralo-organique du sérum du veau est plus grand que le coefficient minéralo-organique du sérum du bœuf. Qu'est-ce à dire ? Que le sérum de veau contient moins d'éléments dissous que le sérum de bœuf ; que le sérum de veau contient plus d'eau et moins de matière minérale que le sérum de bœuf ; que le sérum de veau contient moins de matière organique que le sérum de bœuf.

La comparaison du sérum de veau avec le blanc d'œuf me paraît particulièrement intéressante au point de vue spécial qui nous occupe, au point de vue de la grandeur de l'angle de rotation des solutions naturelles d'albuminoïdes dans ses rapports avec la matière minérale. En effet, le coefficient de diffusion de la matière minérale du blanc d'œuf est de 0,89, c'est-à-dire que 0 gr. 89 de matière minérale sont dissous dans 100 grammes d'eau du blanc d'œuf, cependant que 0 gr. 929 de matière minérale sont dissous dans 100 grammes d'eau du sérum de veau ; or, vous vous en souvenez, le pouvoir rotatoire de l'ovo-albumine est de $1/2°$ 20', tandis que le pouvoir rotatoire du sérum de veau est de $1/2°$ 16', comme vous venez de le voir.

Si la matière minérale a réellement une action sur la valeur du pouvoir rotatoire, comment expliquer cette anomalie ? Voici : le sérum du veau contient, en défalquant les corps dextrogyres qui sont de 1 gr. 0175 0/00, 76 gr. 28, de matière organique, d'albumine sèche 0/00 ; le blanc d'œuf contient, en défalquant les corps dextrogyres qui sont de 2 gr. 44 0/00, 124 gr. 86 0/00, de matière organique sèche.

Dans le blanc d'œuf, comme dans le sérum, l'albumine est la seule substance douée d'un pouvoir rotatoire lévogyre ; s'il est vrai que la matière minérale augmente ou diminue, développe, selon sa qualité, selon son poids, le pouvoir rotatoire, il est également vrai que la concentration de la substance douée du pouvoir rotatoire augmente la grandeur de ce pouvoir rotatoire ; de sorte que, toutes autres circonstances égales à part, l'angle de rotation de l'ovo-albumine doit être nécessairement plus grand, plus ouvert que l'angle de rotation du sérum de veau, malgré l'infériorité du coefficient de diffusion de la matière minérale, dans le blanc d'œuf, par rapport au coefficient de diffusion de la matière minérale, dans le sérum de veau.

15

Nous devons donc envisager la concentration des solutions albuminoïdes douées du pouvoir rotatoire sous deux aspects différents, au point de vue du poids de la substance douée du pouvoir rotatoire : 1º ce poids est lourd pour un volume d'eau donné, c'est-à-dire que la substance douée du pouvoir rotatoire est en solution dense, concentrée ; 2º le poids de la substance douée du pouvoir rotatoire est relativement léger ; la substance douée du pouvoir rotatoire est en solution faible. La faiblesse de cette solution peut être corrigée, dans une certaine mesure, par la quantité ou la qualité de la matière minérale. Indépendamment de la matière minérale, de la qualité de la matière minérale, le pouvoir rotatoire des albuminoïdes dépend aussi de la concentration de leurs solutions. Dans l'expression du pouvoir rotatoire de l'ovo-albumine, la matière minérale est partie intégrante, et sans la présence de la matière minérale, à cause de la concentration de ses solutions, l'ovo-albumine aurait un angle de rotation très ouvert, même sous une épaisseur de deux centimètres. L'absence de la matière minérale augmenterait également la valeur du pouvoir rotatoire du sérum de veau, malgré la faible concentration, relative, des albuminoïdes douées du pouvoir rotatoire.

Une différence de deux minutes entre le pouvoir

rotatoire de deux sérums paraît fort peu de chose ;
cette différence prend de grandes proportions si
nous considérons que nous mesurons les angles de
rotation des sérums avec un tube d'une longueur de
deux centimètres seulement, sous une épaisseur de
deux centimètres. L'angle de rotation de 1/2°18' du
sérum de bœuf et du sérum de taureau comparé à
l'angle de rotation de 1/2°16' du sérum de veau,
exprime, en réalité, une notable dissemblance que traduisent les pouvoirs rotatoires calculés du sérum de
ces trois animaux: sérum de bœuf: $\rho\,(1) = 56'3$; sérum
de taureau : $\rho = 53'9$; sérum de veau : $\rho = 53'4$.

Les tableaux suivants nous permettront de comprendre, ou plutôt d'expliquer, comment une différence de deux minutes, observée au polarimètre,
entre deux sérums, peut se transformer en des valeurs variables et d'une inégalité nettement accentuée.

Eau, Matière organique et sels	Bœuf	Taureau	Veau
Eau	905,33	906,90	914,20
Matière organique	85,60	78,90	77,30
Sulfate de sodium	0,684	1,12	0,408
Phosphate de calcium	0,3623	0,245	0,355
Phosphate de magnésium	0,2086	0,154	0,2086
Chlorure de sodium	2,495	7,50	2,95
Chlorure de potassium	0,4583	0,000	0,636
Phosphate potassique	0,000	0,59	0,000
Phosphate de sodium	0,8906	1,281	0,000
Soude libre	3,00636	3,54	3,609

(1) ρ désigne le pouvoir rotatoire calculé.

La matière organique va, en diminuant, du bœuf au taureau et du taureau au veau ; l'eau va, en augmentant, du bœuf au taureau, et du taureau au veau. Malgré l'infériorité de la matière organique du sérum de taureau, la matière minérale ramène, au polarimètre, le pouvoir rotatoire du sérum du taureau à la hauteur du pouvoir rotatoire du sérum du bœuf multiple. L'acide phosphorique excédant du sérum du taureau nous oblige à faire un phosphate potassique aux dépens du chlorure de potassium ; l'acide phosphorique défaillant du sérum de veau, le prive de phosphate de sodium, la chaux et la magnésie suffisant à satisfaire les atomicités de l'acide phosphorique ; s'il est privé du phosphate de sodium, le sérum du veau conserve, du moins, le chlorure de potassium.

Les divergences dans le groupement moléculaire de la matière minérale du sérum du taureau et du sérum du veau, quoique hypothétiques, n'en sont pas moins instructives, car tout hypothétiques qu'elles soient, ces divergences n'en attestent pas moins la réalité du fait, de l'observation, à savoir que la matière minérale agit par ses qualités et par son poids sur la valeur du pouvoir rotatoire des sérums, et, inutile de l'ajouter, sur les propriétés réactionnelles des albuminoïdes des sérums des unes sur les autres.

Un même poids d'une même substance optiquement active, en solution d'égale concentration, examinée sous une même épaisseur, à la même température, doit toujours fournir un angle de rotation de même ouverture, à la lumière monochrome, jaune, du sodium, c'est-à-dire pour une des raies du spectre appelées raies de Fraunhœfer, pour la raie D ; le pouvoir rotatoire obtenu dans ces conditions est le pouvoir rotatoire moléculaire qui s'exprime par le symbole $[\alpha]$ D ; je vous ai expliqué pourquoi je n'avais pas adopté cette manière de calculer le pouvoir rotatoire des sérums.

Admettons, pour un instant, que la matière organique du sérum du bœuf est exempte de tout corps étranger ; qu'elle est en solution, dans la proportion de 9,455 0/0, à la température de $+$ 15º C ; admettons encore que cette solution nous donne, sous une épaisseur de 2 centimètres, un angle de rotation de 48' ; pour une solution, moins concentrée, de la même substance douée du pouvoir rotatoire, l'angle de rotation sera au-dessous de 48' sous une épaisseur de deux centimètres et la dilution pourra nous permettre de calculer l'angle de rotation de cette solution si la substance optiquement active n'a pas été altérée par la diffusion. En effet, si 9 gr. 455 de substance albuminoïde dissoute dans 100 cmc. d'eau nous donnent un angle de rotation de

48', soit 1/2° 18', 8 gr. 455 de substance albuminoïde dissoute dans 100 cmc. d'eau, nous donneront un angle de rotation de 43' 2, soit 1/2° 13' ; or, les 8 gr. 455 de substance douée du pouvoir rotatoire, dissous dans 100 cmc. d'eau représentent la matière organique du sérum de veau qui a un pouvoir rotatoire, constaté au polarimètre, de 46', soit d'un 1/2° 16', au lieu d'un 1/2° 13', prévu par l'hypothèse et déduit, par le calcul, de cette hypothèse.

Comme le pouvoir rotatoire du sérum de veau ne répond pas à la théorie, dans les conditions du sérum du bœuf, sachant : 1° que le pouvoir rotatoire de la substance albuminoïde du sérum du veau ne répond pas au pouvoir rotatoire déduit du calcul ; 2° que la substance albuminoïde du sérum de bœuf que nous avons supposée pure possède, en réalité, une minéralisation déterminée ; 3° que la substance albuminoïde du sérum de veau que nous comparons à la substance albuminoïde du sérum du bœuf, possède, elle aussi, une minéralisation déterminée, nous devons en conclure que la différence de près de 5' qui sépare le pouvoir rotatoire théorique du sérum du veau du pouvoir rotatoire du sérum du bœuf multiple, alors que la grandeur du pouvoir rotatoire du sérum du veau est, expérimentalement, de 1/2° 16', soit de deux minutes seulement au-dessous de la grandeur du pouvoir rotatoire du sérum de bœuf, nous devons en conclure que la grandeur du pouvoir rotatoire du sérum de veau, toutes conditions égales, d'ailleurs, ou supposées égales, a été diminuée par la minéralisation, par la qualité de sa minéralisation. En effet, le rapport minéralo-organique est de 10,20 dans le sérum de bœuf et de 10,99 dans le sérum de veau, ce qui veut dire que le sérum de bœuf contient 10 gr. 20 de matière minérale pour 100 grammes de matière organique; que le sérum de veau contient 10 gr. 99, près de 11 grammes de matière minérale pour 100 grammes de matière organique; ceci est une autre manière de démontrer l'action de la matière minérale sur l'ouverture des angles de rotation des albuminoïdes, car, si les coefficients de diffusion s'éloignent du sérum du bœuf uu sérum du veau, il reste acquis que le rapport de la matière minérale à la matière organique est plus grand pour le sérum du veau que pour le sérum du bœuf.

On pourrait nous reprocher de comparer le sérum du veau, animal en voie de développement normal, au sérum d'un animal anormal, privé de la fonction la plus essentielle à la vie, de la fonction de reproduction, au bœuf. Nous ferons donc supporter nos comparaisons par un animal de la même espèce que le veau, animal arrivé à l'apogée de son développement, car tout animal capable de reproduire son semblable a acquis, selon les lois de la nature, tout son développement, développement dont le but, dépourvu de toute fiction philosophique ou morale, est la reproduction et la perpétuité, la pérennité de l'espèce ; la perpétuité et la pérennité de l'espèce, c'est trop dire ; dont le but est la reproduction de l'individu transformable et modifiable, à la longue, selon les milieux, selon la minéralisation qui le servent comme je vous l'ai démontré à propos de la *spécificité* de minéralisation. Il faut savoir que des milliers de siècles ont été employés pour façonner l'anthropoïde auquel plusieurs milliers de siècles donnèrent la forme déjà élevée de l'anthropopithèque que l'ouvrage de plusieurs milliers d'autres siècles sépare des géants paléolithiques que l'on vient de découvrir au Mexique, au Kansas, dans les grottes de Baoussé-Roussé, près de Menton (1).

Le sérum de taureau contient 78 gr. 90 de matière organique pour 906 gr. 90 d'eau ; soit 8 gr. 70 de matière organique pour 100 grammes d'eau. En prenant la matière organique du sérum de bœuf telle qu'elle est, nous constatons que 0,0945 de matière organique dissoute dans un gramme d'eau

(1) R. VERNEAU, *Un nouveau type humain fossile.* Compte rendu, t. CXXXIV, p. 925.

fournit un pouvoir rotatoire de 0º 5' 076, soit pour
la totalité de la matière organique, un pouvoir rotatoire de 1/2º 18' ; pour le même volume d'eau, le
pouvoir rotatoire d'un sérum, à la même température, devra varier, d'après ce que nous savons,
selon le poids de la substance active en dissolution, de la substance albuminoïde, dans l'espèce ;
or, le calcul nous fournit pour le sérum de taureau
1/2º 14' 16 et l'expérience 1/2º 18' ; il est vrai que le
point de comparaison étant le sérum de bœuf, vous
pourriez m'objecter que le point de comparaison, la
matière organique du sérum de bœuf demeurant
invariable, tandis que la matière organique du
sérum de taureau ou du sérum de veau étant de
poids variables, il est nécessaire que l'angle de
rotation du sérum du taureau et du sérum du veau
ne soit pas comparable à l'angle de rotation du
sérum du bœuf ; erreur, car, nous avons admis, par
hypothèse, lors de notre comparaison première, que
les albuminoïdes du sérum du bœuf et du sérum du
veau étaient pures, en solution dans un même
volume d'eau et qu'en cette qualité elles devaient
nous donner un angle de rotation en rapport avec
la concentration de leurs solutions : mais les albuminoïdes du sérum de bœuf sont minéralisées, les
albuminoïdes du sérum du veau et du sérum du
taureau sont minéralisées, et si la minéralisation

15.

n'avait aucune influence sur l'angle de rotation, c'est-à-dire que si la minéralisation du sérum du veau et la minéralisation du sérum du taureau ne valaient ni plus ni moins que la minéralisation du sérum du bœuf, le pouvoir rotatoire expérimental devrait être, pour le sérum de veau et pour le sérum de taureau, de même valeur que le pouvoir rotatoire théorique ; le pouvoir rotatoire expérimental du sérum du taureau et du sérum du veau devrait être superposable au pouvoir rotatoire hypothétique ; comme ces deux pouvoirs rotatoires ne sont pas superposables, nous devons en déduire ou que le groupement moléculaire, le poids moléculaire des albuminoïdes des sérums de bœuf, de taureau et de veau est différent ou que la matière minérale intervient, par son poids et par sa qualité, dans l'expression de l'angle de rotation.

L'hypothèse d'un changement dans le poids moléculaire des albuminoïdes des trois sérums que nous étudions par comparaison est soutenable, vraisemblable même, mais le poids et la qualité de la matière minérale de chacun de ces trois sérums ne sauraient se discuter ; ils diffèrent considérablement entre eux ; c'est donc à l'influence de la matière minérale que nous devons attribuer l'inégalité de l'ouverture de l'angle de rotation du sérum de bœuf, du sérum de taureau et du sérum de veau.

L'acide sulfurique est plus petit dans le sérum du veau que dans le sérum du bœuf, que dans le sérum du taureau ; la chaux et la magnésie sont presque aussi grandes dans le sérum du veau que dans le sérum du bœuf ; la chaux du sérum du veau est de 31 0/0 au-dessus de la chaux du sérum du taureau ; dans le sérum du veau, la magnésie est de 46 0/0 au-dessus de la magnésie du sérum du taureau. Nous avions trouvé une grande quantité de magnésie dans les muscles du veau (voir : *Cours de Minéralogie biologique*, 3e série) ; nous retrouvons la magnésie abondante dans le sérum du veau, presque aussi abondante que dans le sérum du bœuf :

    Sérum de bœuf ; magnésie....   0.096 p. 1000
    Sérum de veau ; magnésie....   0.078

Si nous avons compris, sachant que le magnésium est le métal de la génération, pourquoi le bœuf retenait la magnésie, nous pouvons également nous expliquer pourquoi le veau est riche de magnésie dans son sérum et dans ses muscles par rapport au taureau ; le veau fait des réserves de magnésie pour les utiliser lorsque le moment favorable sera venu ; en outre, le veau a besoin de sa magnésie pour le développement de son système nerveux ; il a besoin de la magnésie pour le développement de tout son

être, car le magnésium est le métal dominant des nucléines.

Le chlore du sérum du bœuf et du sérum du
veau s'éloignent peu l'un de l'autre ; quant à l'acide
phosphorique, le sérum du bœuf en contient 56 0/0
de plus que le sérum du veau ; et, le sérum du taureau en contient 73 0/0 de plus que le sérum du
veau.

La soude libre, c'est-à-dire la soude qui se trouve
dans les sérums, en combinaison avec la matière
protéique ou avec l'acide carbonique, est plus
grande dans le sérum de veau que dans le sérum
de bœuf et sensiblement plus grande que dans le
sérum de taureau.

La potasse du sérum du veau est plus grande
que la potasse du sérum du bœuf et se rapproche
sensiblement, à sept millièmes près, de la potasse
du sérum du taureau. Cet excès de potasse nous
l'avons déjà rencontré dans les muscles du veau, et
à ce sujet, je vous faisais remarquer que la potasse
semblait avoir pour mission de favoriser la formation des hydrocarbones, la formation de l'amidon
autochtone, mais qu'elle était impuissante à favoriser la transformation de cet amidon en glucose. Je
vous rappelais également que Knapp avait constaté que les sels de potasse, tout particulièrement

le chlorure de potassium, favorisaient la fermentation du sucre.

A propos de la potasse et de la soude dans leurs
relations avec l'activité optique des corps, j'ai fait
une remarque qui n'est point sans importance. Dans
la première leçon de la deuxième partie de ce
cours, je vous disais que si je ne considérais pas la
matière minérale comme la cause directe de la déviation des rayons polarisés, je pensais que de la
minéralisation pouvait dépendre le groupement
atomique des substances polarisantes, la position
du carbone asymétrique chez les plantes et chez les
animaux. En effet, si nous considérons, dans la
nature, les nombreux corps optiquement actifs connus, nous remarquons que les corps dextrogyres et
les corps lévogyres ne se manifestent point au contact d'une minéralisation identique. La potasse
paraît présider plus spécialement à la manifestation des corps dextrogyres et la soude paraît présider plus spécialement à la manifestation des corps
lévogyres.

Lorsque le corps optiquement actif doit fournir
par son dédoublement un corps dextrogyre et un
corps lévogyre, ce qui est le cas pour le saccharose,
la potasse et la soude semblent marcher de pair
pondéralement; je ne dis pas atomiquement; la
fraise, dont le sucre est un saccharose, contient

0 gr. 70 de potasse et 0 gr. 90 de soude 0/00 (Wolff) ; la betterave, dont le sucre est le saccharose, contient 4 grammes de potasse et 2 grammes de soude 0/00 dans les feuilles : en descendant des feuilles vers la racine on trouve que la potasse diminue et que la soude augmente ; au *collet*, le poids de la potasse n'est plus que de 2 gr. 80, tandis que le poids de la soude est de 2 gr. 30 0/00.

Les essences de térébenthine gauche et droite, produits des térébenthènes du *pinus maritima* et du *pinus australis*, se manifestent au contact d'une minéralisation différente ; dans le *pinus australis* dont l'essence dextrogyre est souvent accompagnée d'une essence lévogyre, la soude peut se rencontrer, en ce cas, dans la proportion de 38 0/0 par rapport à la potasse.

Les albuminoïdes des sérums des animaux sont abondamment sodiques comme nous le démontrent les analyses chimiques et exclusivement lévogyres comme nous le démontre l'analyse optique.

Je ne fais que soulever la question des causes du groupement des atomes des corps doués du pouvoir rotatoire ; l'étude des relations du groupement des atomes des corps optiquement actifs, mérite, je ne dirai pas d'être reprise, mais d'être commencée ; j'ai la conviction que cette étude sera tout à l'avantage de la *minéralogie biologique*.

Je veux vous citer un exemple frappant de l'influence de l'action de la matière minérale sur le groupement atomique des corps organiques, sur la direction des vibrations imprimées aux corps organiques par la matière minérale, sur la position du carbone asymétrique.

Il existe un sucre, ou si vous aimez mieux un alcool heptatomique, la Perséite (1), extraite des semences du *Laurus persea,* par MM. Müntz et Marcano ; les solutions de Perséite sont optiquement inactives ; elles deviennent optiquement actives, elles deviennent capables de faire tourner le plan de la lumière polarisée, sous l'influence du borax, sous l'influence du borate de sodium.

(1) *Traité élémentaire de chimie organique,* par MM. BERTHELOT et JUNFLEISCH ; 4ᵉ édit. Tome I ; page 398.

SEPTIÈME LEÇON

Messieurs,

La couleur du sérum de vache est jaune d'or comme la couleur du sérum de bœuf et de taureau.

Analyse du sérum de vache (2 vaches.)

Réaction : neutre au papier de tournesol.

Densité à + 15° c............ 1029,5
Pouvoir rotatoire lévogyre, sous
  une épaisseur de 2 centimè-
  tres : trouvé: 1re vache, 1/2°26 ;
  2° vache, 1/2° 24 = ... 1/2° 25
Calculé, 62' 5 = ... 1° 2'
Pouvoir rotatoire moléculaire. 4° 7
Eléments minéraux......... 10,20 p. 1000
Eau...................... 906,30
Eléments organiques........ 83,50

Composition des éléments minéraux.

Acide sulfurique............   0 gr. 50 p. 1000
Acide phosphorique.........   0   64
Chlore.....................   2   63
Chaux   0   103
Magnésie   0   08
Potasse....................   0   25
Soude   6   00
Fer........................   0   0051

D'où l'on peut tirer :

Sulfate de sodium...........   0,88
Phosphate de sodium........   0,734
Phosphate de calcium.......   0,30
Phosphate de magnésium....   0,294
Chlorure de sodium.........   4,000
Chlorure de potassium......   0,395
Soude en combinaison organi-
    nique ou carbonate........   3,172

*Coefficient minéralo-organi-
    que*   12,21
*Coefficient de diffusion miné-
    rale*   1,12
*Coefficient de diffusion orga-
    nique*.....................   9,21
Coefficient de minéralisation.   10,88

Coefficients de construction minérale.

Acide sulfurique...........   4,90
Acide phosphorique.........   6,27

Chlore   25,78
Chaux   9,00
Magnésie.   0,78
Potasse   2,45
Soude.   58,82
Fer   0,050

Coefficients de constitution minérale.

Acide sulfurique.   0,59
Acide phosphorique.   0,76
Chlore   3,14
Chaux   0,12
Magnésie.   0,095
Potasse.   0,29
Soude.   7,18
Fer   0,0061

Coefficients de corrélation minérale.

De l'acide sulfurique à l'acide
   phosphorique   78,25
De l'acide phosphorique au
   chlore.   24,33
De la magnésie à la chaux. . .   77,66
De la potasse à la soude.   4,16

Rapport des bases terreuses aux bases alcalines.

Bases terreuses. 0,183 } Rapport. . . .   2,928
Bases alcalines. 6,25 }

Nous avons pris comme terme de comparaison
le sérum du *neutre* de l'espèce, le sérum du bœuf ;

c'est au sérum du bœuf, sans chercher à la désho-
norer, que nous comparerons, au point de vue du
pouvoir rotatoire, le sérum de la vache.

Les études analytiques d'un sérum ou d'une
partie quelconque d'un être vivant ne deviennent
vraiment profitables qu'autant que l'on peut comparer des individus d'une espèce à d'autres individus
de cette même espèce. L'analyse optique et chimique
du sérum du bœuf, du sérum du taureau, du sérum
du veau et du sérum de la vache, met en évidence,
par comparaison, la modalité nutritive particulière
au bœuf, au taureau, au veau et à la vache, car, le
sérum est le milieu intérieur au sein et par la participation duquel s'effectuent les actes les plus
importants de la nutrition. Par la comparaison de
la constitution des sérums du taureau, de la vache,
du veau, nous pouvons chercher à saisir, à fixer,
dans une large mesure, les traits essentiels qui
éloignent ou qui rapprochent la nutrition des
sexes dans une même espèce, aussi bien que
la nutrition du produit, déjà grandi, des œuvres
de la génération. Je puis bien dire que l'étude
optique et chimique des sérums nous ouvre la
baie à travers laquelle nous pouvons distinguer
les divers modes de la nutrition, puisqu'elle nous
fait connaître et la nature et la quantité des matériaux dont les arrangements contribuent à la nutri-

tion. Je ne m'attarderai pas à discuter sur ce que l'on est convenu d'appeler la nutrition, car je verrai se dresser immédiatement contre moi l'*organicisme* et l'*humorisme*, armés tous deux de leur redoutable *exclusivisme*, d'où est né le *cousinisme* médical, le prudent et stérile *éclectisme*.

Donc, le sérum du bœuf, avec une minéralisation que nous connaissons, est fait d'une solution de 10,20 de matière organique dans 100 grammes d'eau, tandis que le sérum de vache, dont la minéralisation nous est également connue, est fait d'une solution de 9,213 de matière organique dans 100 gr. d'eau. Dans ces conditions, la solution de la matière organique du sérum de bœuf donne, expérimentalement, un pouvoir rotatoire de 48', et le sérum de vache, donne, par le calcul, en admettant que sa minéralisation soit de même nature et de même quantité que la minéralisation du sérum de bœuf, donne un pouvoir rotatoire de 46' 7", en rapport avec le poids de la matière organique pour un même volume d'eau ; or, le pouvoir rotatoire du sérum de vache est, expérimentalement, de 55' ; il est de 9' au-dessus du pouvoir rotatoire établi par le calcul et de 7' au-dessus du pouvoir rotatoire du sérum de bœuf déterminé par l'expérimentation. La matière minérale du sérum de vache augmente, par conséquent, de 7' à 9' minutes, l'ouverture de l'angle de rotation du sérum de vache puisque, pour un même volume d'eau, la matière organique plus petite, produit un angle de rotation plus grand.

Tableau de comparaison des coefficients du sérum de bœuf, de taureau et de vache.

Coefficients.	Bœuf.	Taur.	Veau.	Vache.
Coefficient de diffusion minérale	0,962	1,56	0,929	1,12
Coefficient de diffusion organique................	9,455	8,669	8,435	9,213
Coefficient minéralo-organique.................	10,20	17,99	10,99	12,21
Coefficient de minéralisation	9,25	15,25	9,90	10,88

Les quatre coefficients ci-dessus sont l'expression des rapports de la matière minérale à l'eau ; de la matière organique à l'eau ; de la matière minérale à la matière organique et enfin de la matière minérale aux éléments dissous ; ils résument, à eux quatre, et la constitution des sérums et la qualité de cette constitution. Si vous voulez bien arrêter vos regards pendant quelques instants sur les nombres inscrits au tableau, vous serez frappés assurément par la différence de constitution que présentent les sérums des quatre animaux de la même espèce que nous étudions ; vous serez non moins frappés de l'influence qu'exerce effectivement la matière minérale sur les propriétés physiques et chimiques des sérums ; exemple : le sérum de taureau a un pouvoir rotatoire de 1/2° 18', sous une épaisseur de deux centimètres, avec un coefficient de diffusion minéralo-organique de 17,99 ; le sérum de la vache a un pouvoir rotatoire de 1/2° 25', sous une épaisseur de deux centimètres, avec un coefficient minéralo-organique de 12,21 ; de plus, le taureau et le bœuf ont chacun un sérum doué d'un pouvoir rotatoire de 1/2° 18', alors que le coefficient minéralo-organique du sérum du bœuf est de 10,20 et que le coefficient minéralo-organique du sérum de taureau est de 17,99, comme nous venons de le voir, tandis que le coefficient de diffusion organique du sérum de bœuf est de 9,455 et le coefficient de diffusion organique du sérum du taureau est de 8,699 ; la substance optiquement active étant plus petite pour un même volume d'eau dans le sérum du taureau que dans le sérum du bœuf, et la matière minérale étant plus grande dans le sérum du taureau que dans le sérum du bœuf, force nous est bien d'admettre que la matière minérale augmente l'angle de rotation du sérum de taureau.

Tous les coefficients du sérum de la vache sont généralement élevés ; ils ne peuvent que se comparer aux coefficients du sérum du taureau, sauf en ce qui touche le coefficient de diffusion organique qui est plus élevé pour le sérum de la vache que pour le sérum du taureau.

Des différents sels qui entrent dans la composition des sérums de bœuf, de taureau, de veau et de vache, les uns ont une action manifestement accusée sur le pouvoir rotatoire, les autres ne paraissent influencer le pouvoir rotatoire que d'une manière indirecte ou bien passive, en augmentant simplement la concentration des sérums.

Chlorures.

Sérum de bœuf	2 gr.9533 0/00	R. 1/2° 18'
— de taureau...........	7 59	R. 1/2° 18'
— de veau.............	3 586	R. 1/2° 16'
— de vache............	4 395	R. 1/2° 25'

Coefficient de diffusion des chlorures.

Sérum de bœuf............	0,326	R. 1/2° 18'
— de taureau..........	0,8369	R. 1/2° 18'
— de veau............	0,392	R. 1/2° 16'
— de vache...........	0,4849	R. 1/2° 25'

Rapport des chlorures à la matière organique.

Sérum de bœuf............	3,45	R. 1/2° 18'
— de taureau..........	9,619	R. 1/2° 18'
— de veau............	4,639	R. 1/2° 16'
— de vache...........	5,263	R. 1/2° 25'

Aucune des solutions chlorurées des sérums ci-dessus n'atteint 1 0/0 ; elles restent au-dessous des solutions qui, l'expérience nous le démontre, n'influencent pas le pouvoir rotatoire des solutions d'albuminoïdes ; aucun des chlorures ci-dessus ne paraît avoir de l'influence sur le pouvoir rotatoire des sérums ; nous voyons, en effet, un pouvoir rotatoire de 1/2° 18' avec un coefficient de diffusion chlorurée de 0,8369, et à côté, nous voyons un pouvoir rotatoire de 1/2° 25' avec un coefficient de diffusion chlorurée de 0,4849 ; nous voyons un rapport de 9,619 des chlorures à la matière organique avec un pouvoir rotatoire de 1/2° 18' et un pouvoir rotatoire de même valeur avec un rapport de 3,45 des chlorures à la matière organique.

Sulfates.

Sérum de bœuf	0,684	R. 1/2° 18'
— de taureau	1,12	R. 1/2° 18'
— de veau	0,408	R. 1/2° 16'
— de vache	0,88	R. 1/2° 25'

Coefficient de diffusion des sulfates.

Sérum de bœuf	0,0755	R. 1/2° 18'
— de taureau	0,123	R. 1/2° 18'
— de veau	0,0446	R. 1/2° 16'
— de vache	0,097	R. 1/2° 25'

Rapport des sulfates à la matière organique.

Sérum de bœuf	0,799	R. 1/2° 18'
— de taureau	1,419	R. 1/2° 18'
— de veau	0,527	R. 1/2° 16'
— de vache	1,053	R. 1/2° 25'

En principe, nous savons que les sulfates alcalins ne modifient point le pouvoir rotatoire des albuminoïdes en solutions faibles, en solution jusqu'à 1/100, par exemple. Nous pouvons considérer que les sérums riches en sulfates possèdent un pouvoir rotatoire plus élevé que les autres ; il en serait ainsi, si les sulfates alcalins étaient, à côté des chlorures, l'unique minéralisation des sérums, mais d'autres éléments de minéralisation se rencontrent dans la constitution des sérums, et il peut arriver, qu'un sérum, le sérum de vache, par exemple, dans lequel le rapport du sulfate de sodium à la matière organique, est de 1,053, malgré son poids relativement faible, 0,88, que ce sérum présente un pouvoir rotatoire plus grand que le pouvoir rotatoire du sérum du taureau dans lequel le sulfate de sodium, 1,12, a un coefficient minéralo-organique de 1,419. Le sérum de bœuf donne un angle de rotation de 1/2° 18', avec 0,684 de sulfate de sodium dont le coefficient de diffusion est 0,0755 et dont le coefficient minéralo-organique est 0,799 ; le sérum de taureau avec 1,12 de sulfate de sodium dont le coefficient de diffusion est 0,123 et le coefficient minéralo-organique, 1,419, présente, également, un pouvoir rotatoire de 1/2° 18'.

Le sérum du veau qui possède la moins grande

16

quantité de sulfate de sodium, parmi les quatre sérums que nous comparons, donne l'angle de rotation le plus faible.

Phosphates

Phosphate de sodium

Sérum de bœuf............	0,8906	R. 1/2° 18'
— de taureau.........	9,281	R. 1/2° 18'
— de veau	0,000	R. 1/2° 16'
— de vache...........	0,734	R. 1/2° 25'

Coefficient de diffusion du phosphate de sodium.

Sérum de bœuf............	0,079	R. 1/2° 18'
— de taureau.........	0,141	R. 1/2° 18'
— de veau...........	0,000	R. 1/2° 16'
— de vache...........	0,879	R. 1/2° 25

Rapport minéralo-organique du phosphate de sodium.

Sérum de bœuf............	1,04	R. 1/2° 18'
— de taureau.........	1,624	R. 1/2° 18'
— de veau...........	0,000	R. 1/2° 16'
— de vache...........	0,009	R. 1/2° 25'

La chaux et la magnésie étant suffisantes pour satisfaire les atomicités de l'acide phosphorique contenu dans le sérum du veau, et les phosphates terreux étant les premiers à se former selon les lois qui régissent les combinaisons des corps entre eux, je n'ai pas pu tirer du phosphate de sodium, de la minéralisation du sérum du veau ; il va donc nous manquer un élément de comparaison, le phosphate de sodium.

Le sérum de vache contient moins de phosphate de sodium que le sérum de taureau et moins encore que le sérum de bœuf ; il en était différemment pour les sulfates, vous venez de le voir.

Le coefficient de diffusion du phosphate de sodium est plus petit dans le sérum de vache que dans le sérum de taureau, que dans le sérum de bœuf ; le rapport du phosphate de sodium à la matière organique est plus petit dans le sérum de vache que dans le sérum de taureau, que dans le sérum de bœuf ; nous venons de constater qu'au contraire, le rapport du sulfate de sodium à la matière organique était plus grand dans le sérum de vache que dans le sérum de veau, que dans le sérum de bœuf.

Phosphate de calcium.

Sérum de bœuf............	0,3263	R. 1/2° 18'
— de taureau..........	0,245	R. 1/2° 18'
— de veau............	0,355	R. 1/2° 16'
— de vache...........	0,30	R. 1/2° 25'

Coefficient de diffusion du phosphate de calcium.

Sérum de bœuf...........	0,04	R. 1/2° 18'
— de taureau..........	0,027	R. 1/2° 18'
— de veau............	0,0388	R. 1/2° 16'
— de vache...........	0,0331	R. 1/2° 25'

Rapport minéralo-organique du phosphate de calcium

Sérum de bœuf	0,423	R. 1/2° 18'
— de taureau	0,348	R. 1/2° 18'
— de veau	0,459	R. 1/2° 16'
— de vache	0,359	R. 1/2° 25'

Phosphate de magnésium.

Sérum de bœuf	0,2086	R. 1/2° 18'
— de taureau	0,154	R. 1/2° 18'
— de veau	0.2086	R. 1/2° 16'
— de vache	0,294	R. 1/2° 25'

Coefficient de diffusion du phosphate de magnésium.

Sérum de bœuf	0,023	R. 1/2° 18'
— de taureau	0,01698	R. 1/2° 18'
— de veau	0,0228	R. 1/2° 16'
— de vache	0,02345	R. 1/2° 25'

Rapport minéralo-organique du phosphate de magnésium.

Sérum de bœuf	0,2436	R. 1/2° 18'
— de taureau	0,195	R. 1/2° 18'
— de veau	0,267	R. 1/2° 16'
— de vache	0,352	R. 1/2° 25'

Phosphate de potassium.

Sérum de taureau	0,25	R. 1/2° 18'

Coefficient de diffusion du phosphate de potassium.

Sérum du taureau .... | 0,0551 | R. 1/2° 18'

Coefficient minéralo-organique du phosphate
de potassium.

Sérum du taureau .... | 0,633 | R. 1/2° 18,

Le phosphate de potassium se rencontre seulement dans le sérum du taureau.

Parmi les quatre sérums que nous avons étudiés jusqu'ici, le sérum de la vache multiple est celui qui présente le pouvoir rotatoire le plus grand ; tous les coefficients du sérum de vache sont d'ailleurs élevés, régulièrement élevés.

La valeur totale des coefficients du sérum de vache est de 33,423 ; celle du sérum du veau est de 30,254 ; celle du sérum du bœuf de 29,867 ; celle du sérum du taureau de 43,499.

Tous les éléments qui le composent tendent à élever le pouvoir rotatoire du sérum de vache envisagé comme un sérum unique.

La densité des solutions d'albumine de 5 0/0 à 20 0/0 suit une progression régulière ; et, une solution d'albumine à 5 0/0 a une densité de 1013 ; une solution d'albumine à 10 0/0 a une densité de

16.

1016 ; une solution d'albumine à 20 0/0 a une densité de 1052 ; le sérum de vache devrait donc contenir 11 gr. 40 d'albumine 0/0 pour sa densité que nous avons trouvée = 1029,6 ; or, le sérum de vache contient 9,21 0/0 d'albumine et cette solution correspond à une densité de 1023,9. La matière minérale augmente la densité du sérum de vache ; la densité est l'un des facteurs nécessaires de l'expression du pouvoir rotatoire ; donc, la matière minérale modifie l'ouverture de l'angle de rotation du sérum de vache et des sérums en général ; la présence de la matière minérale augmente l'ouverture de l'angle de rotation des sérums, et, dans le sérum de vache, la matière minérale remplace, au point de vue de la concentration, 2 gr. 19 d'albumine ; le rapport minéralo-organique acquiert donc une grande importance dans l'expression du pouvoir rotatoire des sérums. Mais l'action de la matière minérale sur le pouvoir rotatoire des albuminoïdes est paradoxale ; elle augmente et elle diminue, en même temps, le pouvoir rotatoire des sérums ; elle diminue le pouvoir rotatoire des sérums beaucoup plus qu'elle ne l'augmente.

La chaux, la magnésie, la potasse, portent une grave atteinte au pouvoir rotatoire des sérums, atteinte que ne compensent point ni le poids total de la matière minérale d'un sérum donné, ni la qualité de cette matière minérale.

Pour comprendre toute la valeur de l'influence de la chaux, de la magnésie et de la potasse sur l'angle de rotation des sérums, il faut comparer les unités aux unités et non pas les sérums multiples aux unités ; en effet, l'expression moyenne du pouvoir rotatoire des sérums multiples n'est plus en rapport avec leur minéralisation telle que nous la fournit l'analyse chimique, à cause des réactions, des sels des sérums mélangés, les uns sur les autres. Prenons, dans les tableaux précédents, les coefficients minéralo-organiques des unités, sérum de taureau et sérum de veau, nous constatons que le coefficient minéralo-organique du phosphate de calcium du sérum de taureau est de 0,3118 ; que le coefficient minéralo-organique du phosphate de calcium du sérum du veau est de 0,459 ; que le coefficient minéralo-organique du phosphate de magnésium du sérum de taureau est de 0,195 ; que le coefficient minéralo-organique du phosphate de magnésium du sérum de veau est de 0,267. Le coefficient minéralo-organique des phosphates terreux du sérum de veau est plus élevé que le coefficient minéralo-organique des phosphates terreux du sérum du taureau ; au contraire, les coefficients minéralo-organiques des chlorures et des sulfates sont plus grands pour le sérum du taureau que pour le sérum du veau.

La densité du sérum de vache multiple est plus grande que la densité du sérum de bœuf multiple ; l'uniforme élévation de tous les coefficients du sérum de vache nous explique la grandeur de l'ouverture de l'angle de rotation du sérum de vache, ouverture de l'angle de rotation la plus grande parmi les ouvertures angulaires de rotation des quatre sérums que nous venons d'analyser.

HUITIÈME LEÇON

Messieurs,

La couleur du sérum de mouton est tantôt jaune grisâtre, tantôt violette.

Analyse du sérum de mouton (multiples).

Réaction : neutre au papier de tournesol.

Densité à + 15° c...............	1027,7
Pouvoir rotatoire lévogyre sous une épaisseur de 2 centimètres, trouvé................	1/2° 20'
Calculé.....................	55'9
Pouvoir rotatoire moléculaire..	4° 4'
Eléments minéraux...........	9,40 p. 1000
Eau.......................	909,80
Eléments organiques..........	80,80

Composition des éléments minéraux.

Acide sulfurique.............	0,18	p. 1000
Acide phosphorique..........	0,60	
Chlore.....................	2,63	
Chaux.....................	0,095	
Magnésie	0,078	
Potasse	0,18	
Soude.....................	5,634	
Fer.......................	0,003	

D'où l'on peut tirer :

Sulfate de sodium............	0,32
Phosphate de sodium	0,684
Phosphate de calcium.........	0,276
Phosphate de magnésium......	0,286
Chlorure de sodium..........	4,23
Chlorure de potassium.......	0,149
Soude en combinaison organique ou carbonatée..........	3,055
Coefficient minéralo - organique......................	11,63
Coefficient de diffusion minérale......................	1,03
Coefficient de diffusion organique.....................	8,88
Coefficient de minéralisation...	10,42

Coefficients de construction minérale.

Acide sulfurique.............	1,91
Acide phosphorique..........	6,38

Chlore......................... 27,97
Chaux 1,01
Magnésie....................... 0,729
Potasse 1,92
Soude.......................... 59,93
Fer............................ 0,031

Coefficients de constitution minérale.

Acide sulfurique............... 0,22
Acide phosphorique............. 0,74
Chlore......................... 3,25
Chaux 0,11
Magnésie 0,096
Potasse 0,22
Soude.......................... 6,97
Fer............................ 0,0037

Coefficients minéralo-organiques des sels.

Sulfate de sodium.............. 0,39
Phosphate de sodium............ 0,84
—   de calcium........... 0,34
—   de magnésium...... 0,35
Chlorure de potassium.......... 0,18
—   de sodium............ 5,23

Coefficients de corrélation minérale.

De l'acide sulfurique à l'acide
    phosphorique 30
De l'acide phosphorique au
    chlore...................... 25,61
De la magnésie à la chaux..... 82,10
De la potasse à la soude....... 3,19

Rapport des bases terreuses aux bases alcalines.

Bases terreuses... }
Bases alcalines... } Rapport :   2,94

La main sacrilège de l'homme a tari les glandes génératrices du mouton, de même qu'elle a tari les glandes génératrices du bœuf. A l'encontre de ce qui se passe chez les bovidés, les cornes du mouton s'atrophient, tout au moins chez certaines variétés, tandis que les cornes du bélier prennent de grandes proportions.

Le taureau et la vache ont des cornes relative-ment grêles ; le bœuf a des cornes épaisses et lon-gues ; le mouton (le mot *mouton* désigne, en zoologie, un genre important de l'ordre des ruminants ; le mot *mouton* s'applique vulgairement au mâle, au jeune mâle de la brebis, qui a perdu, par l'un des procédés communément employés, la faculté de se reproduire), le mouton de nos races domestiques a des cornes rudimentaires, tandis que le bélier a des cornes très développées. Le sérum du mouton con-tient peu de chaux et de magnésie ; il contient, cependant, plus de magnésie que le sérum du bélier, comme nous le verrons plus loin.

Avant de commencer la comparaison du pouvoir rotatoire du sérum du mouton et du sérum du bélier, je veux insister sur les enseignements que nous pouvons tirer du pouvoir rotatoire des sérums, ou pour mieux dire de la valeur de l'angle de déviation, touchant la composition de ces mêmes sérums.

Un angle de rotation très ouvert nous permet de considérer le sérum examiné comme un sérum d'une concentration relativement grande, d'une densité élevée ; un angle de rotation moins ouvert nous permet de considérer le sérum examiné comme un sérum dont les coefficients sont faibles, mais l'angle de rotation ne nous fera point connaître ni la minéralisation, ni le poids de la matière organique constituant le sérum, il ne nous dévoilera rien de la constitution du sérum. Que dire, alors, de la valeur du pouvoir rotatoire moléculaire (α) des sérums ? Le pouvoir rotatoire moléculaire qui s'exprime par : $[\alpha] \, D = \dfrac{\alpha}{\varepsilon \, \delta \, \lambda}$ (α représente la déviation angulaire constatée ; ε représente la concentration du sérum ; δ représente la densité et λ représente la longueur de la colonne de sérum exprimée en millimètres, ce que j'ai toujours traduit par le mot *épaisseur* de la couche de sérum.

Le pouvoir rotatoire moléculaire ne nous fait point pénétrer dans l'intimité des éléments constitutifs des sérums ; des éléments constitutifs qui font leur pouvoir rotatoire moléculaire plus grand ou plus petit. L'angle de rotation, le pouvoir rotatoire des sérums exprime un état, une manifestation trompeuse d'un état, d'une manière d'être de la substance optiquement active combinée ou juxtaposée à d'autres substances étrangères à sa constitution et qui réagissent sur son groupement moléculaire. Cependant, tandis que le pouvoir rotatoire moléculaire des sérums n'éveille en nous aucune idée sur la différence de constitution des sérums, en dehors de la densité et de la concentration, les déviations angulaires des divers sérums examinés sous une même épaisseur, nous portent à nous demander, à cause du défaut de rapport de l'angle de déviation avec la densité, la dilution, etc., pourquoi les angles de déviation sont plus petits dans un sérum de densité plus grande, pourquoi ils sont plus grands dans un sérum dont les coefficients de diffusion sont plus petits.

Si nous prenons l'ovo-albumine, le sérum de bœuf, multiple, le sérum de taureau, le sérum de veau, le sérum de vache, le sérum de mouton et le sérum de bélier et si nous leur appliquons la formule ci-dessus, nous obtenons les résultats suivants (1) :

(1) Dans nos calculs, $\lambda = 20$ millimètres.

Ovo-albumine....	R...........	2°9
Sérum de bœuf...	R...........	4°3
Sérum de taureau.	R...........	4°1
Sérum de veau....	R...........	4°5
Sérum de vache..	R...........	4°7
Sérum de mouton	R...........	4°4
Sérum de bélier..	R...........	4°7

J'ai calculé le pouvoir rotatoire moléculaire des solutions d'albuminoïdes ci-dessus sous une épaisseur limite de visibilité, même après centrifugation, pour le plus grand nombre d'entre elles, sinon pour toutes. J'ai calculé le pouvoir rotatoire moléculaire comme si toutes les substances en solution étaient optiquement actives.

Malgré les tentatives faites par des savants tels que Guye, Freundler, Ramsay, etc., l'on n'est pas encore parvenu à tirer du pouvoir rotatoire des notions exactes sur le groupement moléculaire d'un grand nombre de corps, à l'état de pureté. Aussi n'est-il pas surprenant que le pouvoir rotatoire de substances aussi complexes que les sérums ne nous enseigne que fort peu de chose, et encore indirectement, sur la constitution des sérums.

Comparez les pouvoirs rotatoires moléculaires tels que nous les avons calculés aux coefficients de diffusion organique de l'ovo-albumine, du sérum de bœuf, du sérum de taureau, du sérum de veau, du sérum de vache, du sérum de mouton, du sérum de bélier, vous constaterez aussitôt que les pouvoirs rotatoires moléculaires ne répondent point à la concentration de la matière organique, de la substance que nous devons considérer comme optiquement active.

Solutions albuminoïdes	Pouvoir rotat. moléculaire	Coefficients de diffusion
Ovo-albumine	2° 9	14,71
Sérum de bœuf..............	4° 3	9,45
— de taureau..........	4° 1	8,69
— de veau.............	4° 5	8,45
— de vache...........	4° 7	9,21
— de mouton..........	4° 4	8,88
— de bélier...........	4° 7	8,22

De ces contradictions entre l'ouverture de l'angle de rotation et le pouvoir rotatoire moléculaire, entre l'ouverture de l'angle de rotation, le pouvoir rotatoire moléculaire et les coefficients de diffusion de la substance optiquement active ou que nous devons considérer comme telle, se dégagent un certain nombre de faits. Le premier fait, le plus important, c'est que la matière minérale a une action indubitable sur la valeur du pouvoir rotatoire des sérums, puisqu'un coefficient de diffusion de matière organique plus petit correspond à un pouvoir rotatoire plus grand et réciproquement.

L'action de la matière minérale sur les solutions albuminoïdes, sur les sérums, est multiple, paradoxale ; la matière minérale, la partie de la matière minérale qui agit le plus puissamment sur le pouvoir rotatoire des solutions albuminoïdes est celle qui se combine avec la substance albuminoïde ; Wyrouboff a observé que la combinaison des dissolvants avec certains corps organiques altérait aussi leur pouvoir rotatoire. La matière minérale qui se combine avec l'albumine, et cette combinaison est d'une cohésion extraordinaire, se compose principalement de la chaux, de la magnésie et de la potasse ; la matière minérale combinée à l'état de phosphate, le plus souvent, avec la matière albuminoïde, rend la substance albuminoïde inactive, lui fait perdre une grande partie de son pouvoir rotatoire ; c'est un fait expérimental. La matière minérale qui n'altère point le pouvoir rotatoire des albuminoïdes, qui augmente même par sa présence le pouvoir rotatoire des albuminoïdes, se compose principalement de la soude. Ainsi, pour expliquer les contradictions dont je vous parlais tout à l'heure, que je vous montrais tout à l'heure, nous devons recourir à la présence, à l'action de la matière minérale au sein des solutions albuminoïdes.

Les sels terreux, la potasse, combinés avec la matière albuminoïde modifient le pouvoir rotatoire de la matière albuminoïde, et, fait encore important, la portion de la matière minérale qui modifie le pouvoir rotatoire des albuminoïdes le modifie parce qu'elle est combinée avec la matière albuminoïde.

Je vous parlais dans une des précédentes leçons des rapports du pouvoir rotatoire des albuminoïdes avec leur potentiel dialytique ; les corps optiquement inactifs des sérums sont ceux dont le potentiel dialytique est le plus élevé, ceux dont la combinaison résiste le plus à la dialyse ; les premiers, parmi ces corps peu sollicités par la dialyse, sont les combinaisons de la chaux avec la matière protéique ; les premiers parmi les corps qui altèrent le pouvoir rotatoire des albuminoïdes sont les combinaisons de la chaux avec la matière protéique.

Un autre fait se dégage encore des contradictions entre l'ouverture de l'angle de rotation et le pouvoir rotatoire moléculaire des sérums ; c'est que la matière minérale des sérums peut être divisée, au point de vue physiologique comme au point de vue physique, en deux portions distinctes : une matière minérale combinée avec la matière protéique et une matière minérale en solution ; la matière minérale combinée est principalement composée de sels terreux ; la matière minérale en solution est principalement composée de sels alcalins, correspondant à une substance protéique optiquement inactive et à une substance optiquement active.

SÉRUM DE BÉLIER (UNIQUE)

Le sérum de bélier est couleur de framboise.

Analyse du sérum de bélier.

Réaction : neutre au papier de tournesol ;

Densité à + 15°C	1027,7
Pouvoir rotatoire lévogyre, sous une épaisseur de deux centimètres : trouvé............	1/2° 20'
Calculé......................	55'4
Pouvoir rotatoire moléculaire.	4°7
Eléments minéraux...........	9,63 p. 1000
Eau........................	915,10
Eléments organiques.........	75,27

Composition des éléments minéraux.

Acide sulfurique.............	0,23 p. 1000
Acide phosphorique...........	0,76
Chlore......................	2,92
Chaux......................	0,095
Magnésie....................	0,05
Potasse.....................	0,23
Soude	5,34
Fer........................	0,004

D'où l'on peut tirer :

Sulfate de sodium............	0,133
Sulfate de potassium.........	0,47
Phosphate de sodium.........	1,10
Phosphate de calcium........	0,276
Phosphate de magnésium.....	0,184
Chlorure de sodium..........	4,82
Soude en combinaison organique ou carbonatée..........	2,33
Coefficient minéralo-organique	12,79
Coefficient de diffusion minérale	1,05
Coefficient de diffusion organiq.	8,22
Coefficient de minéralisation..	11,34

Coefficients de construction minérale.

Acide sulfurique..............	2,38
Acide phosphorique...........	7,89
Chlore......................	30,32
Chaux.......................	0,98
Magnésie....................	0,51
Potasse.....................	2,38
Soude	55,45
Fer.........................	0,041

Coefficients de constitution minérale.

Acide sulfurique.............	0,30
Acide phosphorique..........	1,009
Chlore......................	3,87
Chaux	0,12
Magnésie....................	0,066
Potasse	0,30
Soude.......................	7,09
Fer	0,0053

Coefficients minéralo-organiques des sels.

Chlorure de sodium........... 6,40
Sulfate de sodium............ 0,17
Sulfate de potassium......... 0,62
Phosphate de sodium........ 1,46
Phosphate de calcium........ 0,366
Phosphate de magnésium..... 0,24

Coefficients de corrélation minérale

De l'acide sulfurique à l'acide phos-
phorique..................... 30
De l'acide phosphorique au chlore. 26
De la magnésie à la chaux........ 52,63
De la potasse à la soude 4,30

Sels °/₀ de cendres.

Chlorure de sodium.............. 50,05
Sulfate de sodium............... 1,38
Sulfate de potassium............ 4,88
Phosphate de sodium 11,42
    —   de calcium........... 2,86
    —   de magnésium 1.91

Rapport des bases terreuses aux bases alcalines.

Bases terreuses........ 0,145 }
Bases alcalines........ 5,57 } Rapport.... 2,6

Le pouvoir rotatoire du sérum de mouton et du sérum de bélier sont de même valeur ; ils ont chacun un angle de déviation de 1/2° 20', soit de 50'.

La couleur du sérum des ovidés n'est point comparable à la couleur du sérum des bovidés ; elle n'est point tout à fait comparable à la couleur du sérum des cavicornes comme nous le verrons dans le courant de la prochaine leçon, quoique la chèvre se rapproche, par de nombreux côtés, du mouton zoologique.

Comparaison des coefficients du sérum de mouton et du sérum de bélier.

Coefficients	Mouton	Bélier
Coefficient de minéralisation...	10,42	11,34
Coefficient minéralo-organique.	11,63	12,71
Coefficient de diffusion minérale	1,03	1,05
Coefficient de diffusion organique	8,88	8,22

Comparaison du rapport des bases terreuses aux bases alcalines du mouton et du bélier.

Mouton	Bases terreuses.	0,173	Rapport..	2,94
	Bases alcalines.	5,814		
Bélier ...	Bases terreuses.	0,145	Rapport..	2,6
	Bases alcalines.	5,57		

Si les angles de rotation lévrogyre des sérums du mouton et du bélier sont égaux, vous pouvez vous rendre compte que les coefficients des deux sérums ne sont point pareils ; que les rapports des bases terreuses aux bases alcalines des deux sérums ne sont point identiques ; d'où vous pouvez conclure que, toutes autres conditions seraient-elles égales d'ailleurs, que le même degré de pouvoir rotatoire du sérum est atteint, chez le mouton et chez le bélier par une minéralisation différente. En effet, quoique le poids de la matière minérale du sérum de mouton (9,40 °/oo) et le poids de la matière minérale du sérum de bélier (9,63 °/oo) soient peu distants l'un de l'autre, la qualité des éléments constituants de la minéralisation n'est point la même.

Comparaison des coefficients de construction minérale des sérums de mouton et de bélier.

Eléments minéraux	Mouton	Bélier
Acide sulfurique...............	1,91	2,38
— phosphorique	6,38	7,89
Chlore	27,97	30,32
Chaux......................	1,01	0,98
Magnésie....................	0,829	0,51
Potasse.....................	1,91	2,38
Soude	59,93	55,45

L'acide sulfurique, l'acide phosphorique, le chlore et la potasse se rencontrent plus abondants dans le sérum de bélier que dans le sérum de mouton ; la chaux, la magnésie, la soude sont moins abondantes dans le sérum de bélier que dans le sérum de mouton. Vous vous rappelez que le sérum de taureau contenait du phosphate de potassium à la place du chlorure de potassium ; le sérum du bélier, lui, contient du sulfate de potassium à la place du chlorure de potassium ; tout comme l'excédent d'acide phosphorique nous avait obligé à prendre la potasse pour le combiner dans le sérum de taureau, l'acide sulfurique nous oblige à prendre la potasse pour le combiner dans le sérum de bélier ; ce rapprochement n'est point sans intérêt, surtout quand nous constatons que dans le sérum de bélier comme dans le sérum de taureau, la chaux et la magnésie sont au-dessous de la chaux du mouton et du bœuf par rapport à la minéralisation totale.

Le sérum du bélier a un coefficient de minéralisation plus élevé que le coefficient de minéralisation du sérum du mouton ; le sérum du taureau a un coefficient de minéralisation plus élevé que le coefficient de minéralisation du sérum du bœuf.

Prenons les pouvoirs rotatoires que j'ai désignés par ρ et qui sont le résultat de l'action neutralisante du pouvoir rotatoire exercée par la chaux, par la magnésie et par la potasse dans les solutions albuminoïdes ; $\rho = 55'9$ dans le sérum de mouton et $55'4$ dans le sérum de bélier ; prenons les coefficients de

diffusion organique et les coefficients minéralo-organiques des sérums de mouton et de bélier dont
l'ouverture de l'angle de rotation se traduit, au polarimètre, par une égalité d'expression $= 1/2^\circ 20'$; le
coefficient de diffusion organique du sérum de mouton est de 8,88 ; le coefficient de diffusion organique
du sérum de bélier est de 8,22 ; le coefficient minéralo-organique du sérum de mouton est de 11,63
et le coefficient minéralo-organique du sérum de
bélier est de 12,79. Si nos observations sont exactes,
la matière minérale doit intervenir dans l'expression du pouvoir rotatoire du sérum de mouton et de
bélier, de telle manière que sa qualité compense
la différence qui sépare le coefficient de diffusion
organique du sérum de mouton et du sérum de
bélier pour fournir au polarimètre une ouverture
angulaire de même valeur et les rapports de 55'4 à
55'9, de 8,22 à 8,88 et de 11,63 à 12,79 doivent se
trouver de même valeur ; c'est ce qui arrive ; ces
rapports sont 99, 90, 92, c'est-à-dire aussi rapprochés que possible, en tenant compte des erreurs
d'expérience inévitables dans le traitement de
substances aussi délicates que le sont les substances albuminoïdes. Avant de continuer le paral-
lèle entre la minéralisation du sérum du mâle chez
les bovidés et la minéralisation du sérum du bœuf ;
entre la minéralisation du sérum du mâle chez les

ovidés et la minéralisation du sérum de mouton, je désire placer sous vos yeux, en un tableau récapitulatif, la minéralisation particulière des sérums des deux mâles et la minéralisation particulière des sérums des deux impuissants.

Comparaison des coefficients de construction minérale des sérums de bœuf, de taureau, de mouton et de bélier.

Coefficients	Bœuf	Taureau	Mouton	Bélier
Acide sulfurique........	4,383	4,43	1,91	2,38
Acide phosphorique.....	7,226	7,25	6,38	7,89
Chlore..................	23,04	32,04	27,97	30,32
Chaux..................	1,43	0,59	1,01	0,98
Magnésie...............	1,15	0,29	0,829	0,51
Potasse................	2,923	1,90	1,91	2,38
Soude......	60,176	3,45	59,93	55,45

La minéralisation du sérum des mâles d'une espèce est plus grande que la minéralisation du sérum des neutres de cette espèce ; la minéralisation du sérum des mâles se distingue tout particulièrement de la minéralisation du sérum des neutres par une moins grande quantité de chaux et de magnésie, également par une moins grande quantité de soude ; par une plus grande quantité de chlore et d'acide phosphorique.

Si la matière minérale est purement accidentelle dans la constitution des tissus et des humeurs, comment expliquer qu'elle soit diverse dans les tissus et les humeurs des animaux ; comment expliquer que la matière minérale, que la minéralisation du mâle qui a des besoins ignorés du neutre ne soit pas identique à la minéralisation du neutre ; comment expliquer que la minéralisation des femelles ne soit pas comparable à la minéralisation des mâles ; comment expliquer que le poids de la matière organique ne suive pas le poids de la matière minérale, si la matière organique domine la matière minérale ; comment expliquer, si la matière minérale n'a point d'action sur la matière organique, comment expliquer, qu'un poids identique de matière organique, donne, au contact d'une minéralisation différente, des produits de désintégration différents ; comment expliquer que chaque colonie cellulaire, que chaque tissu, se trouve pourvu d'une minéralisation spéciale et que la fonction de ce tissu, dont la trame organique demeure la même, se transforme au contact d'un changement de minéralisation ; comment expliquer que les albuminates diastasiques, que les diastases, se fassent hydratantes ou oxydantes, tour à tour, selon la nature de leur minéralisation (1),

(1) Voir : *Cours de Minéralogie biologique*, 2ᵉ série.

si la matière minérale ne domine pas la matière organique !

Pourquoi le sérum du mouton et le sérum du bélier possèdent-ils un angle de rotation de même ouverture, tandis que leurs quatre coefficients principaux n'ont point la même valeur et que trois de ces coefficients sont plus particulièrement éloignés les uns des autres ? Nous venons de le voir plus haut, l'égalité d'ouverture du pouvoir rotatoire du sérum du mouton et du sérum du bélier est le résultat de l'action paradoxale de la matière minérale dans lés solutions albuminoïdes. Le sérum du bélier contient du sulfate de potassium ; le sérum du mouton n'en contient point ; le coefficient minéralo-organique est plus petit pour le sérum de mouton que pour le sérum de bélier, mais le coefficient de diffusion organique est légèrement plus élevé pour le sérum du mouton que pour le sérum du bélier, cependant que le coefficient de diffusion minérale est, à deux centigrammes près, de même valeur pour le sérum de mouton et pour le sérum de bélier.

En analysant l'action des composés salins sur le pouvoir rotatoire des albuminoïdes et en comparant la concentration des sérums du mouton et du bélier, on arrive, comme pour les sérums que nous avons déjà étudiés, à trouver dans la matière miné-

rale des éléments de compensation qui permettent
de se rendre compte de l'égalité de l'ouverture des
angles de rotation des sérums du mouton et du bélier, tout en faisant état des corps dextrogyres, légèrement plus élevés dans le sérum du bélier
(0 gr. 90 0/00) que dans le sérum du mouton
(0 gr. 87 0/00.)

NEUVIÈME LEÇON

Sérum de chèvre (multiple, 3 chèvres)

Messieurs,

Le mot chèvre sert à désigner, en zoologie, un genre de mammifères, de l'ordre des ruminants, et de la famille des cavicornes. Dans le langage usuel, le mot chèvre désigne la femelle du bouc ; c'est le sérum de la femelle du bouc que nous allons étudier.

La couleur du sérum de chèvre est rosée, blanc grisâtre selon l'âge ou la variété de l'animal.

Analyse du sérum de chèvre (multiple).

Réaction : neutre, au papier de tournesol ;
Densité à $+ 15°C$............ 1029,2
Pouvoir rotatoire lévogyre, sous
une épaisseur de deux centimètres : trouvé........... 1/2° 20'

Calculé .... 54'7
Pouvoir rotatoire moléculaire. 4°33
Eléments minéraux......... 9,40 p. 1000
Eau 909,80
Eléments organiques........ 80,80

Composition des éléments minéraux.

Acide sulfurique............. 0,40
Acide phosphorique......... 1,087
Chlore.................... 2,54
Chaux.................... 2,04
Magnésie 0,062
Potasse 0,223
Soude..................... 5,11
Fer....................... 0,002

D'où l'on peut tirer :

Sulfate de sodium.......... 0,71
Phosphate de sodium........ 1,81
Phosphate de calcium....... 0,117
Phosphate de magnésium.... 0,265
Chlorure de sodium......... 3,91
Chlorure de potassium....... 0,352
Soude en combinaison organi-
 que ou carbonatée......... 1,935

Coefficient minéralo-organi-
 que...................... 11,15
Coefficient de diffusion miné-
 rale...................... 1,03
Coefficient de diffusion orga-
 nique.................... 9,27
Coefficient de minéralisation. 10,03

Coefficients de construction minérale

Acide sulfurique............	4,26
Acide phosphorique..........	11,58
Chlore......................	27,07
Chaux......................	0,42
Magnésie	0,66
Potasse....................	2,37
Soude	54,47
Fer.......................	0,021

Coefficients de constitution minérale.

Acide sulfurique............	0,47
Acide phosphorique.........	1,29
Chlore.....................	3,01
Chaux.....................	0,047
Magnésie	0,073
Potasse....................	0,26
Soude.....................	6,07
Fer.......................	0,0023

Coefficients minéralo-organiques des sels.

Sulfate de sodium...........	0,84
Phosphate de sodium........	2,15
Phosphate de calcium........	0,13
Phosphate de magnésium....	0,31
Chlorure de sodium..........	4,64
Chlorure de potassium.......	0,41

La chèvre zoologique diffère si peu du mouton zoologique que l'on ne peut trouver des caractères différentiels bien tranchés entre eux ; le mouton et la chèvre produisent des métis féconds ; c'est la meilleure preuve de leur grande parenté naturelle.

L'ouverture de l'angle de rotation du sérum de chèvre multiple (3 chèvres) est de même valeur que l'ouverture de l'angle de rotation du sérum de mouton multiple (2 moutons), que l'ouverture de l'angle de rotation du sérum de bélier (unique).

La composition du sérum de chèvre s'éloigne beaucoup, cependant, de la composition du sérum de mouton. Les coefficients des sérums de mouton et de bélier ne sont point de même valeur que les coefficients du sérum de chèvre, sauf pour le coefficient de diffusion minérale, tandis que l'angle de déviation lévogyre des trois sérums est de même ouverture ; la nature s'accommode de ces disparités et profite de cette ressemblance puisqu'elle permet à la chèvre et au mouton d'engendrer des métis féconds, variété nouvelle de la variété chèvre et de la variété mouton.

Est-ce que l'angle de rotation, le pouvoir rotatoire des albumines de constitution serait l'indice de groupements moléculaires capables de se substituer les uns aux autres, ou de s'harmoniser entre eux ? Sans doute ! En tout cas nous verrons que les angles de rotation des sérums d'âne et de cheval ne superposent pas ; nous savons que si l'âne et le cheval sont capables de produire des métis, que ces métis sont des mulets, c'est-à-dire des êtres inféconds, incapables de se reproduire.

Le sérum de chèvre que nous étudions est un mélange de trois sérums de chèvres différentes ; le sérum de l'une de ces trois chèvres avait un pouvoir rotatoire de 1/2° 18' : le sérum d'une autre chèvre avait un pouvoir rotatoire de 1/2° 24' et enfin le sérum de la troisième chèvre avait un pouvoir rotatoire de 1/2° 20' ; nous serions en droit de penser que le mélange des trois sérums nous donnera 1/2° 18' $+$ 1/2° 24' $+$ 1/2° 20', soit un pouvoir rotatoire, une ouverture d'un angle de rotation de 152', soit 2° 53' ; il n'en sera rien ; le pouvoir rotatoire, l'ouverture de l'angle de rotation du mélange des sérums des trois chèvres sera de 50' ou 1/2° 20', c'est-à-dire que l'ouverture de l'angle de rotation du sérum de chèvre sera 48' $+$ 54' $+$ 50' : 3, $\frac{48 + 54 + 50}{3} = 50'\,066$. Ainsi les pouvoirs rotatoires de sérums mélangés s'ajoutent et se diminuent ; ils sont *additifs* et *négatifs*, ils sont *moyens : le pouvoir rotatoire de plusieurs sérums mélangés ensemble est l'expression moyenne des pouvoirs rotatoires du mélange ; ou, pour mieux dire, le mélange de plusieurs sérums donne un angle de rotation qui est la moyenne des angles de rotation des sérums qui entrent dans le mélange.*

L'expression moyenne du pouvoir rotatoire des mélanges de sérums n'est point particulière au sérum de chèvre ; l'expression moyenne du pouvoir rotatoire du mélange d'un nombre quelconque d'albuminoïdes est une loi générale pour toutes les albumines vivantes, aussi bien pour les albumines de sécrétion que pour les albumines de constitution.

Prenons douze œufs, douze blancs d'œufs ; examinons la déviation angulaire de chacun des douze blancs d'œufs ; nous trouvons :

```
Œuf N°   1......   1/2° 23
  —      2......    —  20
  —      3......    —  24
  —      4......    —  26
  —      5......    —  22
  —      6......    —  20
  —      7......    —  24
  —      8......    —  14
  —      9......    —  18
  —     10......    —  20
  —     11......    —  26
  —     12......    —  14
       Total.......     611'
```

$$\frac{611'}{12} = 50'9$$

La somme des pouvoirs rotatoires des douze albumines de sécrétion devrait être de 10° 18′ ; en réalité l'ouverture de l'angle de déviation du mélange des douze blancs d'œufs est de 1/2° 20′, soit 50′, soit la somme des ouvertures des angles de déviation des blancs d'œufs mélangés, divisée par douze ; l'observation directe du mélange de douze blancs d'œufs, sous une épaisseur de deux centimètres, nous donne un angle de déviation de 1/2° 20′, soit 50′ et la somme des angles de déviation de douze blancs d'œufs divisée par douze, nous donne également un angle de déviation de 1/2° 20′ soit 50′ ; la valeur de l'angle de déviation est *moyenne*.

Deux sérums de mouton, donnent, séparément, un angle de rotation de 1/2° 20′ ; le mélange des sérums de mouton donne également 1/2° 20′ ;
$$\frac{50' + 50'}{2} = 50' \text{ ; l'angle de rotation est moyen.}$$

Deux sérums de vache examinés séparément donnent : l'un, un angle de rotation de 1/2° 26′, l'autre un angle de rotation de 1/2° 24′ ; le mélange des deux sérums donne un angle de rotation de 1/2° 25′
$$\frac{54' + 56'}{2} = 55' \text{ ; l'angle de rotation}$$
est moyen.

Trois sérums de bœufs, examinés séparément,

donnent : un angle de rotation de 1/2° 18' pour le premier sérum ; un angle de rotation de 1/2° 22' pour le deuxième sérum, et un pouvoir rotatoire de 1/2° 16' pour le troisième sérum.

Le mélange des trois sérums donne une ouverture angulaire de rotation de 1/2° 18', $\dfrac{48' + 52' + 46'}{3} = 48'$, 1/2° 18' ; l'ouverture de l'angle de rotation est moyen.

L'ouverture de l'angle de rotation du mélange de plusieurs albuminoïdes est donc *le quotient de la somme des angles de rotation des albuminoïdes qui entrent dans le mélange, par leur nombre.*

Nous sommes, bien évidemment, dans des conditions fort différentes des conditions où l'on peut considérer les groupements autour du carbone asymétrique, dans l'espace.

Nous sommes en présence de corps en solution et en contact avec des sels également en solution ; de cette situation des corps, des substances optiquement actives que nous étudions, il résulte des déformations nombreuses de leur carbone tétraédrique; mais le fait le plus remarquable, au milieu de ces nombreuses déformations, c'est que les carbones asymétriques des albuminoïdes vivantes, arithmétiquement ajoutés les uns aux autres, donnent la moyenne de leur état d'asymétrie qui se traduit par l'ouverture de l'angle de rotation moyenne.

Si les albumines sont partout et toujours les mêmes, ce que je ne crois pas, il nous est impossible de les concevoir à l'état de pureté et présentant un pouvoir rotatoire de moyenne valeur ; ce serait en contradiction avec ce que l'on sait des propriétés des carbones asymétriques ; si le groupement moléculaire de l'albumine est variable, ce que je crois, il nous sera plus difficile encore de concevoir un pouvoir rotatoire moyen, un quotient de la somme des albuminoïdes divisée par leur nombre.

Le facteur qui ramène le pouvoir rotatoire d'un mélange d'albuminoïdes à un pouvoir rotatoire moyen, c'est la matière minérale, c'est l'action de la matière minérale sur les substances albuminoïdes, sur les groupements du carbone asymétrique.

Nous avons vu que la qualité de la matière minérale paraissait, généralement, correspondre, dans les corps naturels, doués du pouvoir rotatoire, à l'asymétrie du carbone ; nous avons vu que, sous l'influence de la matière minérale, certains corps optiquement inactifs, devenaient optiquement actifs ; nous allons voir la matière minérale ramener par ses réactions, le pouvoir rotatoire de plusieurs albuminoïdes mélangées, à l'expression moyenne.

à la manifestation moyenne d'une de leurs qualités physiques résultant de réactions chimiques successives des sels en solutions concomitantes avec la matière protéique, avec la matière optiquement active, dans l'espèce.

En effet, ni le pouvoir rotatoire, tel qu'il devrait être dans les conditions où nous nous sommes placé, ni le pouvoir rotatoire de l'ovo-albumine, ni le pouvoir rotatoire du bœuf moyen, de la vache, de la chèvre, ni le pouvoir rotatoire du mouton additionnés et divisés par leur nombre ne donnent un pouvoir rotatoire moyen superposable à aucun des pouvoirs rotatoires calculés ; mais si nous ajoutons les uns aux autres les éléments de minéralisation qui ferment l'ouverture de l'angle de rotation des albuminoïdes, si nous ajoutons les albumines les unes aux autres, si nous ajoutons l'eau de dissolution, si nous ajoutons la matière minérale indifférente ou active par concentration, en un mot, si nous prenons les éléments de constitution des sérums multiples, et si après les avoir ajoutés nous les divisons par leur nombre nous aurons pour chacun :

Pouvoir rotatoire trouvé : 1/2° 20' ; calculé : 57° 35' ; pouvoir rotatoire moléculaire : 4° 46'.

Or, le pouvoir rotatoire trouvé pour chacun des sérums multiples est le suivant :

Bœuf .... 1/2° 18
Vache....... 1/2° 25
Mouton ..... 1/2° 20
Chèvre...... 1/2° 20

Le pouvoir rotatoire moyen de ces quatre sérums est de 1/2° 20'.

Le pouvoir rotatoire moléculaire de chacun de ces sérums est le suivant :

Bœuf .... 4°3
Vache....... 4°7
Mouton ..... 4°4
Chèvre...... 4°33

$$\frac{4,3 + 4,7 + 4,4 + 4,33}{4} = 4°,43.$$

Le pouvoir rotatoire que nous avons désigné par ρ est, en moyenne, pour les quatre sérums multiples, en les calculant d'après leur teneur en chaux, magnésie et potasse, de 57° 35'.

La différence entre l'expression du même pouvoir rotatoire selon que ce pouvoir rotatoire est une moyenne au milieu des moyennes de tous les éléments constituants des sérums ou que ce pouvoir rotatoire s'exprime par une moyenne au milieu des éléments de constitution des sérums tels qu'ils se présentent à nous, la différence entre les moyennes provient des différences de concentration des solutions albuminoïdes considérées comme pures.

Quand on mélange des blancs d'œufs ensemble on voit un certain louche se produire plus ou moins vivement dans le mélange ; parfois le mélange des blancs d'œufs devient plus transparent, plus clair ; on observe les mêmes phénomènes quand on mélange les sérums d'animaux de même espèce ou d'espèces différentes ; il se fait, au sein du mélange, un échange de sels, un échange d'albumino-sels et lorsque les mélanges sont en équilibre, ils représentent, à peu de chose près, la moyenne des qualités physipues et chimiques des blancs d'œufs ou des sérums mélangés, comme ils représentent la moyenne des éléments de constitution de leurs parties constituantes.

Quelle que soit la dilution de la substance optiquement active, quelle que soit la quantité de chaux, de magnésie ou de potasse, une unité de chaux, de magnésie ou de potasse fermera toujours d'un même nombre de minutes l'ouverture de l'angle de rotation, ouverture que modifiera, d'ailleurs, la concentration de la solution des substances restées optiquement actives.

Ainsi, toutes les qualités d'un mélange de plusieurs albuminoïdes sont du même ordre que les qualités des albumines qui entrent dans le mélange, et le mélange devient l'expression moyenne de toutes les qualités des parties qui le composent.

18.

Pour que, dans un mélange d'albuminoïdes, les qualités des composants se fusionnent au point que le mélange donne, non pas *théoriquement*, mais *expérimentalement*, la moyenne des qualités des composants, ces composants doivent nécessairement porter leurs molécules à l'état d'équilibre, de telle sorte que le composé devient un corps nouveau formé de tous les éléments des composants inaltérés ; les phosphates, les sulfates, les chlorures, les albuminoïdes les plus grands comblent le déficit des plus petits, l'eau plus grande élève le volume de l'eau plus petite et les coefficients divers de ce corps nouveau sont l'expression des rapports convenables entre les parties composantes, pour donner au composé une somme de qualités qui, tout en étant du même ordre que les qualités des parties composantes, n'est égale ni à la somme de la plus petite, ni à la somme de la plus grande des parties composantes.

Dans chaque sérum, l'angle de rotation est le résultat de l'action réciproque de toutes les parties composant le sérum sur le corps optiquement actif; si, sans changer la nature des éléments de constitution des sérums, l'angle de rotation reste en rapport direct avec le mélange de plusieurs sérums, nous pouvons en conclure que les éléments constitutifs des sérums se sont équilibrés sans subir d'altération, car nous savons, par expérience, combien est fragile l'angle de rotation des substances optiquement actives.

Coefficients	Bœuf N° 1	Bœuf N° 2	Bœuf N° 3
Minéralo-organique...	10,08	9,99	1.23
De diffusion minérale.	1,04	0,889	0,959
De diffusion organique	10,38	9,567	8,53
De minéralisation	9,16	8,50	10,09
Angles de rotation....	48'	52'	46'

La somme des coefficients du sérum de bœuf n° 1 = 30,66.

La somme des coefficients du sérum de bœuf n° 2 = 28.246.

La somme des coefficients du sérum de bœuf n° 3 = 30.809.

La somme des coefficients du sérum des bœufs n° 1, n° 2 et n° 3 = 89.715 ; $\dfrac{89.715}{3} = 29.903$.

Un angle de déviation de 48' correspond à la somme des coefficients du sérum de bœuf n° 1, soit 30.66 ; un angle de déviation de 52' correspond à la somme des coefficients du sérum de bœuf n° 2, soit 28.246 ; un angle de déviation de 46' correspond à la somme des coefficients du bœuf n° 3, soit 30.809 ; un angle de déviation de 48'6 correspond à une somme de coefficients = 29.903 ; or, sous une épaisseur de deux centimètres, le mélange des sérums de bœuf n° 1, n° 2 et n° 3, donne, au polarimètre, un angle de déviation de 48'.

Quelle que soit l'épaisseur sous laquelle on examine les sérums des bœufs n° 1, n° 2 ou n° 3, quelle que soit l'ouverture de l'angle de rotation, les termes 30.66 ; 28.246 ; 30.809 et leur moyenne 29.903 resteront invariables et par conséquent le rapport de l'ouverture de l'angle de rotation avec les coefficients sera de même valeur.

Pour chaque sérum le nombre des coefficients est de quatre ; 29.903 exprime la valeur moyenne des quatre coefficients de chaque sérum, réunis.

Le coefficient minéralo-organique des trois sérums de bœuf nous donne : $10,08 + 9,29 + 11,23$
$$= 30,60 ; \frac{30,60}{3} = 10,20.$$

Le coefficient de diffusion minérale des trois sérums de bœuf nous donne : $1,04 + 0,885 + 0,959$
$$= 2.888 ; \frac{28,88}{3} = 0,962.$$

Le coefficient de diffusion organique des trois sérums de bœuf nous donne : $10,38 + 9,567 + 8,53$
$$= 28,477 ; \frac{28,477}{3} = 9,49.$$

Le coefficient de minéralisation des trois sérums de bœuf nous donne : $9,16 + 8,50 + 10,09 = 27,75$;
$$\frac{27,75}{3} = 9,25.$$

Ces données, que je prends comme exemple, peuvent se généraliser pour toutes les albuminoïdes vivantes ; et, sous une épaisseur de deux centimètres, l'angle de rotation = 48' devrait correspondre aux coefficients moyens : 10,20 ; 0,962 ; 9,49 ; 9,25 ; c'est-à-dire qu'un sérumqui serait composé de 10,20 0/0 de matière minérale sur la matière organique ; de 0,962 de matière minérale 0/0 d'eau ; de 9,49 de matière organique 0/0 d'eau et de 9,25 0/0 de matière minérale par rapport à la totalité des éléments dissous, devrait présenter un angle de rotation en rapport avec ces coefficients, c'est-à-dire un angle de rotation de 48' ; il n'en est rien parce que l'action de la matière minérale sur le pouvoir rotatoire est paradoxale. Lorsque, dans les sérums multiples, les trois coefficients, minéralo-organique, de diffusion minérale et de minéralisation diminuent tandis que le coefficient de diffusion organique reste invariable, l'angle de déviation augmente.

Lorsque, dans les sérums multiples, les trois coefficients, minéralo-organique, de diffusion minérale et de minéralisation augmentent tandis que le coefficient de diffusion organique diminue, l'angle de déviation augmente.

En résumé, quelle que soit la valeur des coefficients d'un sérum multiple, l'angle de rotation de ce sérum sera l'expression moyenne des angles de rotation des sérums réunis et en rapport avec la valeur moyenne des coefficients des sérums réunis si la matière minérale active est de même poids.

L'angle de déviation lévogyre du sérum de chèvre est égal à l'angle de déviation du sérum du mouton et du bélier ; cependant, si nous considérons les éléments de constitution du sérum de chèvre, soit dans leur ensemble, soit séparément, nous trouvons de grandes divergences entre eux et les éléments de constitution du sérum de mouton. Le poids total de la matière minérale est sensiblement pareil pour le sérum de mouton et pour le sérum de chèvre : 9 gr. 40 pour le sérum de mouton et 9 gr. 38 pour le sérum de chèvre ; le poids de la matière organique du sérum de chèvre est de 84 gr. 12 ; il est plus grand que le poids de la matière organique du sérum de mouton qui est de 80 gr. 80 ; le volume de l'eau du sérum de chèvre est plus petit que le volume de l'eau du sérum de mouton : 906,5 pour le sérum de chèvre et 909,80 pour le sérum de mouton.

En ne considérant que les substances optiquement actives, la concentration de leurs solutions et le poids des corps qui forment les angles de rotation, il n'est pas douteux que le pouvoir rotatoire du sérum de chèvre ne doive être plus grand que le pouvoir rotatoire du sérum de mouton puisque la concentration des corps doués du pouvoir rotatoire augmente l'ouverture de leur angle de rotation ; la matière minérale totale ne peut influencer beaucoup la déviation angulaire de l'un ou de l'autre sérum, car le poides de la matière minérale de l'un des sérums égale le poids de la matière minérale de l'autre sérum ; mais le poids de CaO, MgO, K^2O est légèrement plus petit dans le sérum de chèvre (0,325) que dans le sérum de mouton (0.353). Ainsi, en ne tenant compte que de la substance optiquement active, de la dilution et du poids de la matière minérale, le sérum de chèvre doit avoir nécessairement un angle de rotation plus ouvert que l'angle de rotation du sérum de mouton ; or, les angles de déviation du sérum de chèvre et du sérum de mouton sont égaux. Regardons de près les éléments constituants de la matière minérale, les éléments de minéralisation du sérum de chèvre et du sérum de mouton.

Les coefficients du sérum de chèvre sont en faveur d'un angle de rotation plus ouvert pour le sérum de chèvre que pour le sérum de mouton ; les éléments de minéralisation qui ferment l'ouverture de l'angle de rotation sont légèrement plus grands dans le sérum de mouton que dans le sérum de chèvre ; double raison pour que le pouvoir rotatoire du sérum de chèvre soit sensiblement plus élevé que le pouvoir rotatoire du sérum de mouton.

Le total des coefficients moyens du sérum de chèvre et du sérum de mouton sont égaux ; le total des coefficients du sérum de chèvre est de 31,48 et le total des coefficients du sérum de mouton est de 31,96 ; en réalité l'ouverture de l'angle de rotation du sérum de chèvre est très légèrement plus grand que l'ouverture de l'angle de rotation du sérum de mouton ; elle est de 50'6.

Le pouvoir rotatoire du sérum de mouton et le pouvoir rotatoire du sérum de chèvre sont l'expression de pouvoirs rotatoires *moyens* et, comme ces pouvoirs rotatoires moyens sont sensiblement égaux ils doivent nécessairement être en rapport avec des coefficients de même valeur, ce que nous venons de constater pour le pouvoir rotatoire trouvé.

DIXIÈME LEÇON

SÉRUM DE CHEVAL ET D'ANE

Sérum de cheval (unique).

Messieurs,

Le cheval appartient à l'ordre des *pachydermes* et à la famille des *équidés*. On distingue dans la famille des équidés sept variétés ; toutes les variétés de cette famille peuvent se reproduire entre elles ; ce fait paraît indiquer une certaine ressemblance de constitution chez les équidés.

Le cheval actuel, la variété *Equus caballus*, a subi des transformations importantes durant les âges de la terre ; les probables représentants fossiles du cheval, l'*Hipparion* et l'*Hippotherium* (1), portaient

______

(1) Du grec : ἵππαριον, petit cheval ; ἵππος et θηρίον, cheval, animal sauvage.

trois doigts aux pieds au lieu d'un *sabot* résultant de la soudure des doigts entre eux ; le squelette du pied du cheval actuel possède des vestiges de cet état antérieur, sous la forme de deux stylets osseux placés de chaque côté des *canons* (os du métatarse et du métacarpe).

La couleur du sérum de cheval est jaune d'or foncé.

Analyse du sérum de cheval.

Réaction : neutre, au papier de tournesol ;
Densité à $+ 15°$ c.................... 1024,7
      Pouvoir rotatoire lévogyre sous une épaisseur de deux centimètres : trouvé : 1/2° ; calculé : 36' 69, pouvoir rotatoire moléculaire.......... 3°23
Eléments minéraux.......... 8,97 p. 1000
Eau 924,60
Eléments organiques........ 66,43

Composition des éléments minéraux.

Acide sulfurique.............	0 gr. 18	p. 1000
Acide phosphorique..........	0	49
Chlore.....................	2	26
Chaux.....................	0	103
Magnésie	0	160
Potasse....................	0	21
Soude	5	47
Fer	0	00209

D'où l'on peut tirer :

Sulfate de sodium...........	0,497
Phosphate de calcium........	0,30
Phosphate de magnésium....	0,587
Phosphate de sodium........	0,15
Chlorure de sodium........	3 gr. 47
Chlorure de potassium.......	0 332
Soude en combinaison organique ou carbonatée..........	3 34

Coefficient minéralo-organique......................	13,50
Coefficient de diffusion minérale	0,97
Coefficient de diffusion organique	7,18
Coefficient de minéralisation.	11,89

Coefficients de construction minérale.

Acide sulfurique...........	3,12
Acide phosphorique........	5,46
Chlore.....................	25,19
Chaux.....................	1,14
Magnésie	1,78
Potasse....................	2,34
Soude.....................	60,98
Fer.......................	0,023

Coefficients de constitution minérale.

Acide sulfurique...........	0,42
Acide phosphorique	0,73

Chlore...................... 3,40
Chaux...................... 0,15
Magnésie................... 0,24
Potasse.................... 0,31
Soude..................... 8,23
Fer....................... 0,0031

Sels pour cent grammes de cendres.

Sulfate de sodium.......... 5,54
Phosphate de sodium....... 1,67
Phosphate de calcium....... 3,34
Phosphate de magnésium.... 6,54
Chlorure de sodium........ 38,68
Chlorure de potassium....... 3,70

Sérum d'âne.

L'âne, comme le cheval, est un pachyderme de la famille des *équidés*. La voix particulière de l'âne provient de la conformation de son larynx et non point de la manière dont il conduit la colonne d'air dans cet organe ; on pourrait dire, sans trop d'exagération, que le *braiment* de l'âne est anatomique et que le *hennissement* du cheval est mécanique ; l'âne ne peut pas ne pas braire, le cheval peut, dans une certaine mesure, moduler sa voix.

La couleur du sérum d'âne est blanchâtre, gris foncé.

Analyse du sérum d'âne (unique).

Réaction : neutre, au papier de tournesol ;

Densité à + 15° C............ 1026,25
Pouvoir rotatoire lévogyre, sous
  une épaisseur de deux centi-
  mètres : trouvé...........   1/2°14'
Calculé ....   51'6
Pouvoir rotatoire moléculaire. 3° 86'
Eléments minéraux.........   8,541 p. 1000
Eau....................... 909,38
Eléments organiques........   82,08

Composition des éléments minéraux.

Acide sulfurique............   0,34 p. 1000
Acide phosphorique.........   0,48
Chlore....................   2,80
Chaux....................   0,11
Magnésie   0,101
Potasse   0,232
Soude....................   4,518
Fer......................   0,00408

D'où l'on peut tirer :

Sulfate de sodium...........   0,60
Phosphate de sodium........   0,162
Phosphate de calcium........   0,32
Phosphate de magnésium......   0,37
Chlorure de sodium.........   4,34
Chlorure de potassium.......   0,367
Soude en combinaison organi-
  que ou carbonatée..........   1,88

Coefficient minéralo-organique. 10,40
Coefficient de diffusion minérale 0,939
Coefficient de diffusion organiq. 9,02
Coefficient de minéralisation.., 9,42

Coefficients de construction minérale.

Acide sulfurique............. 3,98
Acide phosphorique........... 4,68
Chlore....................... 32,78
Chaux........................ 1,28
Magnésie 1,18
Potasse...................... 2,71
Soude 52,89
Fer.......................... 0,047

Coefficients de constitution minérale.

Acide sulfurique............. 0,41
Acide phosphorique........... 0,48
Chlore....................... 3,41
Chaux........................ 0,13
Magnésie 0,12
Potasse...................... 0,28
Soude........................ 5,50

Sels dans cent grammes de cendres.

Sulfate de sodium. 7,02
Phosphate de sodium 1,89
    —   de calcium........ 3,74
    —   de magnésium...... 4,33
Chlorure de sodium........... 50,81
    —   de potassium 4,29

L'ouverture de l'angle de rotation du sérum de cheval est de 30'; l'ouverture de l'angle de rotation du sérum d'âne est de 43'; il s'agit ici du sérum d'un *seul* cheval et du sérum d'un *seul* âne; ces deux sérums peuvent donc supporter facilement la comparaison. l'un avec l'autre, quant aux éléments de leur constitution qui influencent leurs angles de déviation.

Coefficients respectifs des sérums de cheval et d'âne,

Coefficients	Cheval	Ane
—	—	—
Coefficient minéralo-organique.......	0,97	0,939
— de diffusion minérale	7,18	9,02
— de diffusion organique	11,89	9,42
— de minéralisation	13,50	10,40

Ces coefficients ne sont point superposables. Le coefficient de diffusion minérale du sérum de cheval est plus grand que le coefficient de diffusion minérale du sérum d'âne; le coefficient de diffusion organique du sérum d'âne est plus grand que le coefficient de diffusion organique du sérum de cheval; le coefficient minéralo-organique du sérum de cheval est plus grand que le coefficient minéralo-organique du sérum d'âne; additionnés, les coefficients du sérum de cheval nous donnent un total de 33,54; additionnés, les coefficients du sérum d'âne nous

donnent un total de 29,779 ; or, comme les coefficients sont l'expression des rapports de la matière
minérale à l'eau ; de la matière minérale totale
à la totalité des éléments dissous ; de la matière
organique à l'eau et de la matière minérale à la
matière organique, il s'ensuit que l'angle de
rotation du sérum de cheval devrait être plus
grand que l'angle de rotation du sérum d'âne ;
il en est tout autrement : le pouvoir rotatoire du
sérum de l'âne est plus grand que le pouvoir rotatoire du sérum du cheval. Il nous faut donc chercher parmi les éléments constituants du sérum de
cheval et du sérum d'âne, ceux qui augmentent ou
qui diminuent les angles de déviation. Avant tout,
nous placerons côte à côte la substance qui porte
en elle la substance optiquement active du sérum
d'âne et du sérum de cheval ; cette substance que
nous désignons généralement sous le nom de matière organique, entre dans la constitution du sérum
de cheval, dans la proportion de 6,64 0/0 de sérum ;
la matière organique entre dans la constitution du
sérum d'âne, dans la proportion de 8,20 0/0 du
sérum.

Le sérum d'âne contient 19 0/0 de matière organique de plus que le sérum de cheval. Il a été établi
que la dilution ou la concentration des substances

optiquement actives, diminuait ou augmentait leurs angles de déviation, leur pouvoire rotatoire.

Quelle est la dilution de la matière organique dans le sérum de cheval et quelle est la dilution de la matière organique dans le sérum d'âne? 100 gr. d'eau tiennent en dissolution 7 gr. 18 de substance organique, portant la substance optiquement active dans le sérum de cheval ; 100 grammes d'eau tiennent en dissolution 9 gr. 02 de substance organique, portant la substance optiquement active dans le sérum d'âne ; le pouvoir rotatoire du sérum de cheval sera donc plus petit que le pouvoir rotatoire du sérum d'âne, puisque la substance optiquement active, la matière organique est plus diluée dans le sérum de cheval que dans le sérum d'âne.

Nous avons vu, par des exemples antérieurs, que des sérums dans lesquels la matière organique, la substance optiquement active, se trouvait en état de concentration plus élevée que dans d'autres sérums, présentaient un pouvoir rotatoire plus faible; la dilution ou la concentration des solutions des substances optiquement actives des sérums de cheval et d'âne peuvent donc ne pas nous renseigner d'une manière satisfaisante sur l'inégalité de l'ouverture des angles de rotation des sérums de ces deux animaux qui appartiennent à une même famille naturelle, qui sont capables de se reproduire

19.

entre eux, sans pouvoir successoral, il est vrai.

La matière minérale est en solution dans la pro-portion de 0 gr. 97 pour 100 grammes d'eau dans le sérum de cheval et dans la proportion de 0 gr. 939 seulement pour 100 grammes d'eau, dans le sérum d'âne ; il est bien évident, qu'en ne considérant que l'état de concentration des sérums, la matière miné-rale, lui refusât-on même toute action sur la subs-tance optiquement active, la matière minérale, par sa présence seule, modifie la concentration des sérums ; la matière minérale doit donc augmenter le pouvoir rotatoire du sérum de cheval au détri-ment du pouvoir rotatoire du sérum d'âne, mais pas d'une façon suffisante, puisque le pouvoir rota-toire du sérum de cheval est inférieur au pouvoir rotatoire du sérum d'âne.

Examinons, maintenant, les éléments de miné-ralisation du sérum de cheval et du sérum d'âne dans leurs rapports avec les substances portant la substance optiquement active, avec la matière orga-nique.

Un gramme de matière organique de sérum de cheval correspond à 0 gr. 0042 d'acide sulfurique ; 0 gr. 0042 $\times$ 66.43 = 0 gr. 279 ; le sérum de che-val contient 0 gr. 279 d'acide sulfurique pour 66 gr. 43 de matière organique. Un gramme de matière organique de sérum d'âne correspond à 0.0041 d'acide sulfurique ; 0.0041 × 82.08 = 0 gr. 336 ; le sérum d'âne contient 0 gr. 336 d'acide sulfurique pour 82 gr. 08 de matière organique ; en réalité le sérum d'âne contient un peu moins d'acide sulfurique par rapport à la matière organique que le sérum de cheval. Quatre cent quatre-vingt-cinq (0.485) milligrammes d'acide phosphorique correspondent à 66 gr. 43 de matière organique du sérum de cheval ; 0 gr. 394 d'acide phosphorique correspondent à 82 gr. 08 de matière organique du sérum d'âne ; l'acide phosphorique, les phosphates du sérum de cheval sont plus grands par rapport à la matière organique que l'acide phosphorique, que les phosphates du sérum d'âne.

Un gramme de matière organique de sérum de cheval correspond à 0 gr. 0015 de chaux ; 0.0015 × 66.43 = 0.0996 ; le sérum de cheval contient 0 gr. 0996 de chaux pour la totalité de la matière organique. Un gramme de matière organique de sérum de cheval correspond à 0.0024 de magnésie ; 0.0024 × 66.43 = 0.159 ; le sérum de cheval contient 0 gr. 159 de magnésie pour la totalité de la matière organique ; 0 gr. 0996 × 0 gr. 159 = 0 gr. 2586, soit, au total 0 gr. 2586 de bases terreuses pour la totalité de la matière organique du sérum de cheval.

Le sérum d'âne contient 0 gr. 1067 de chaux et

0 gr. 098.496 de magnésie, soit 0.205 de bases terreuses pour la totalité de la matière organique ; or, les bases terreuses, les phosphates terreux diminuent le pouvoir rotatoire des albuminoïdes ; le sérum du cheval doit avoir, du chef des bases terreuses, un pouvoir rotatoire inférieur au pouvoir rotatoire du sérum d'âne, toutes autres conditions demeurant égales, ce qui est exact.

La potasse se trouve dans le sérum de cheval, de 0 gr. 0031 pour un gramme de matière organique ; la potasse se trouve dans le sérum d'âne, de 0.00282 pour un gramme de matière organique ; les sels de potassium, autres que le chlorure, diminuent le pouvoir rotatoire des albuminoïdes ; du fait de la potasse, le pouvoir rotatoire du sérum du cheval doit être inférieur au pouvoir rotatoire du sérum d'âne.

Sur les 5 gr. 47 de soude que l'analyse nous révèle dans le sérum de cheval, 0 gr. 216 sont pris par l'acide sulfurique ; 0 gr. 075 sont pris par l'acide phosphorique et 1 gr. 841 sont pris par le chlore ; au total, 2 gr. 132 ; 5 gr. 47 — 2 gr. 132 = 3 gr. 338 ; il nous reste 3 gr. 338 de soude ; sur ce reste de 3 gr. 338 de soude, la matière organique en prend, d'après les données que j'ai exposées dans les premières leçons, 0 gr. 38 environ pour former un albuminate sodique défini ; 3 gr. 338 —

0 gr. 38 = 2 gr. 958, de soude qui se combinera avec l'acide carbonique ou qui aidera à la solubilité de la matière organique.

Sur les 4 gr. 518 de soude que l'on rencontre dans le sérum d'âne, 0 gr. 2625 sont en combinaison avec l'acide sulfurique ; 0 gr. 07077 sont retenus par l'acide phosphorique et 2 gr. 303 sont combinés au chlore ; la matière organique retient 0,47 de soude à l'état d'albuminate ; au total, 3 gr. 106 de soude sont employés par les combinaisons minérales ou par la matière organique ; 3 gr. 106, retranchés de 4 gr. 518, donnent comme différence 1 gr. 411 ; 1 gr. 411 de soude qui se combinera avec l'acide carbonique ou qui aidera à la solubilité de la matière organique.

Le sérum du cheval contient 0 gr. 96 de soude de plus que le sérum d'âne, mais le sérum d'âne possède 0 gr. 592 de soude engagée dans des combinaisons minérales ou organiques de plus que le sérum de cheval ; les albuminates du sérum d'âne sont plus grands que les albuminates du sérum du cheval ; or, les albuminates ont un pouvoir rotatoire élevé ; par ses albuminates, le pouvoir rotatoire du sérum d'âne doit être plus grand que le pouvoir rotatoire du sérum de cheval.

Le coefficient de diffusion de la chaux, dans le sérum de cheval = 0,0111 ;

Le coefficient de diffusion de la magnésie = 0,0172 ;

Le coefficient de diffusion de la potasse = 0,0227 ;

Les rapports des coefficients de diffusion de la chaux, de la magnésie, de la potasse du sérum de cheval, au coefficient de diffusion de la matière organique, sont les suivants :

Chaux 0,154
Magnésie...................... 0,239
Potasse 0,330

Le coefficient de diffusion de la chaux, dans le sérum d'âne = 0,012 ;

Le coefficient de diffusion de la magnésie = 0,0111 ;

Le coefficient de diffusion de la potasse = 0,0255.

Les rapports des coefficients de diffusion de la chaux, de la magnésie, de la potasse du sérum d'âne au coefficient de diffusion de la matière organique sont les suivants :

Chaux 0,133
Magnésie...................... 0,123
Potasse....................... 0,282

Ainsi, la portion de la matière minérale qui ferme le pouvoir rotatoire sera de 0,10 pour un gramme de matière organique portant la substance optique-

ment active dans le sérum de cheval, et la portion de matière minérale fermant le pouvoir rotatoire sera de 0.059 pour un gramme de matière organique portant la substance optiquement active,
dans le sérum d'âne, toutes autres conditions étant
égales ; le pouvoir rotatoire, l'ouverture de l'angle
de rotation du sérum de cheval doit donc être plus
étroite que l'ouverture de l'angle de rotation du sérum d'âne.

La relation de 0,059 à 0,10 est 59 ; la relation de
36'69 à 51'6 est 60 ; on peut donc considérer la portion de la minéralisation qui n'agit point sur la con-
traction de l'ouverture de l'angle de rotation comme
augmentant, par concentration, le pouvoir rotatoire
du sérum d'âne et équilibrant la différence de 36'69
à 51'6 qui sépare l'ouverture de l'angle de rotation
calculé du sérum de cheval, de l'angle de rotation
calculé, du sérum d'âne ; qui sépare l'ouverture de
l'angle de rotation trouvé, 30', du sérum de cheval,
de l'ouverture de l'angle de rotation trouvé, 44', du
sérum d'âne soit, 14'91 d'une part, au calcul, et 14'
d'autre part, à l'observation.

En résumé, soit que nous considérions les coefficients du sérum de cheval comparativement aux
coefficients du sérum d'âne, soit que nous considérions les éléments de minéralisation du sérum
d'âne comparativement aux éléments de minéralisa-

tion du sérum de cheval, nous constatons que les sels terreux et potassiques du sérum de cheval en abaissent le pouvoir rotatoire comme ils abaissent proportionnellement le pouvoir rotatoire du sérum d'âne, les éléments constituants de l'un et de l'autre sérum étant ramenés à une unité commune.

Il ressort bien clairement de nos analyses et de leur discussion que la composition du sérum d'âne et du sérum de cheval est faite des mêmes éléments constituants, mais que les éléments de constitution se rencontrent en proportions différentes et dans le sérum d'âne et dans le sérum de cheval ; que si l'aptitude minérale du sérum de l'âne et du sérum du cheval sont les mêmes, tout au moins pour les métaux les plus répandus, les rapports de participation à la vie des éléments minéraux qui entrent dans leur constitution sont éloignés les uns des autres. Non seulement l'aptitude de minéralisation mais encore et surtout le rapport de participation à la vie des éléments de minéralisation différencient le sérum du cheval du sérum de l'âne ; le pouvoir rotatoire du sérum de l'âne et du sérum du cheval est l'une des manifestations de la participation à la vie des éléments de minéralisation choisis par une parenté d'aptitude de minéralisation.

ONZIÈME LEÇON

SÉRUM DE PLUSIEURS CHEVAUX ET SÉRUM ANTIDIPHTÉRIQUE

Sérum de plusieus chevaux

Messieurs,

Le mélange de sérum de plusieurs chevaux a une couleur jaune d'or foncé.

Analyse du sérum de plusieurs chevaux.

Réaction neutre, au papier de tournesol.

Densité à + 15° C	1028,5
Pouvoir rotatoire lévogyre sous une épaisseur de deux centimètres : trouvé...........	1/2° 20'
Calculé......................	54'9
Pouvoir rotatoire moléculaire...	4°35
Eléments minéraux...........	6,96 p.1000
Eau..........................	906,90
Eléments organiques..........	86,14

Composition des éléments minéraux.

Acide sulfurique...............	0,31 p. 1000
Acide phosphorique...........	0,28
Chlore	2,39
Chaux	0,042
Magnésie....................	0,054
Potasse	0,222
Soude......................	3,66
Fer	0,004

D'où l'on peut tirer :

Sulfate de sodium............	0,55
Phosphate de sodium.........	0,264
Phosphate de calcium........	0,122
Phosphate de magnésium.....	0,198
Chlorure de sodium..........	3,67
Chlorure de potassium	0,35
Soude en combinaison organique ou carbonatée..........	1,356
Coefficient minéralo-organique.	8,079
Coefficient de diffusion minérale......................	0,76
Coefficient de diffusion organique.....................	9,498
Coefficient de minéralisation..	7,47

Coefficients de construction minérale.

Acide sulfurique..............	4,45
— phosphorique...........	4,02

Chlore...................... 34,33
Chaux...................... 0,60
Magnésie 0,80
Potasse 3,18
Soude...................... 52,58
Fer........................ 0,057

Coefficients de constitution minérale.

Acide sulfurique........... 0,359
— phosphorique........ 0,32
Chlore.................... 2,77
Chaux.................... 0,048
Magnésie................. 0,062
Potasse.................. 0,25
Soude.................... 4,24
Fer...................... 0,0046

Sels pour cent grammes de cendres.

Sulfate de sodium.......... 7,90
Phosphate de sodium........ 3,79
Phosphate de calcium....... 1,75
Phosphate de magnésium.... 2,84
Chlorure de sodium......... 52,72
Chlorure de potassium...... 5,02

Sérum untidiphtérique de l'Institut Pasteur.

Le sérum antidiphtérique que nous nous sommes procuré en flacons séparés, portant des dates différentes, est certainement formé par le mélange du sérum de plusieurs chevaux.

Le sérum antidiphtérique a une couleur jaune d'or moins foncée que la couleur du mélange du sérum normal de plusieurs chevaux.

Analyse du sérum antidiphtérique.

Réaction ; neutre au papier de tournesol ;
Densité à + 15° c...................... 1027,3
    Pouvoir rotatoire lévogyre, sous
    une épaisseur de deux centi-
    mètres ; trouvé............. 1/2° 18 ;
    Calculé .... 55'2 ;
    Pouvoir rotatoire moléculaire. 4°46
Eléments minéraux........... 7,30 °/°°
Eau 912,40
Eléments organiques........ 80,30

Composition des éléments minéraux.

Acide sulfurique.............. 0,47 p. 1000
Acide phosphorique.......... 0,36
Chlore...................... 2,09
Chaux...................... 0,08
Magnésie 0,124
Potasse 0,24
Soude 3,92
Fer 0,00209

D'où l'on peut tirer :

Sulfate de sodium........... 0,835
Phosphate de sodium........ 0,087
Phosphate de calcium........ 0,233

Phosphate de magnésium.....	0,455
Chlorure de sodium...........	3,15
Chlorure de potassium.......	0,379
Soude en combinaison organique ou carbonatée.........	2,075
Coefficient minéralo-organique.	9,09
Coefficient de diffusion minérale	0,80
Coefficient de diffusion organique......................	8,80
Coefficient de minéralisation..	8,44

Coefficients de construction minérale.

Acide sulfurique.............	6,43
Acide phosphorique..........	4,93
Chlore.....................	28,63
Chaux.....................	1,10
Magnésie	1,69
Potasse	3,28
Soude	53,69
Fer.......................	0,028

Coefficients de constitution minérale.

Acide sulfurique............	0,58
Acide phosphorique..........	0,44
Chlore	2,60
Chaux.....................	0,10
Magnésie	0,15
Potasse	0,298
Soude	4,88
Fer.......................	0,026

Sels pour cent grammes de cendres.

Sulfate de sodium............	11,43
Phosphate de sodium........	1,19
Phosphate de calcium........	3,19
Phosphate de magnésium....	6,23
Chlorure de sodium..........	43,15
Chlorure de potassium........	5,19

Comparaison des coefficients du sérum de chevaux
et du sérum antidiphtérique.

Coefficients	Sérum de chevaux	Sérum antidipht.
Coefficient minéralo-organique...	8,079	9,09
Coefficient de diffusion minérale.	0,76	0,80
Coefficient de diffusion organique.	9,498	8,80
Coefficient de minéralisation....	7,47	8,44

Les coefficients de diffusion du sérum de chevaux et les coefficients de diffusion du sérum antidiphtérique ne sont point superposables ; les angles de déviation du sérum de chevaux et du sérum antidiphtérique, trouvés ou calculés, ne sont point superposables.

Cent grammes d'eau du sérum de chevaux contiennent 0 g. 76 de matière minérale ; 100 grammes d'eau de sérum antidiphtérique contiennent 0 g. 80 de matière minérale ; le sérum antidiphtérique est plus minéralisé que le sérum de chevaux ; 100

grammes d'eau du sérum de chevaux contiennent
9 g. 498 de matière organique portant la substance
optiquement active ; le sérum antidiphtérique contient 8 g. 80 de matière organique pour 100 grammes
d'eau ; le sérum antidiphtérique contient moins de
matière organique que le sérum de chevaux.

Les différences que présentent entre elles la matière organique et la matière minérale du sérum de
plusieurs chevaux et du sérum antidiphtérique qui
est, lui aussi, un sérum de plusieurs chevaux, nous
permettront-elles de distinguer le sérum des chevaux normaux du sérum pathologique, antidiphtérique ? Peut-être ! Nous avons rencontré des différences plus grandes entre sérums d'individus d'une
même espèce que celles qui séparent le sérum de
chevaux du sérum antidiphtérique ; en outre, je
vous ferai remarquer que le sérum normal de plusieurs chevaux est un sérum qui représente une
moyenne de composition du sérum de cheval ; que
le sérum antidiphtérique est composé du sérum
pathologique de plusieurs chevaux et représente
une moyenne de composition du sérum de cheval
spécifiquement pathologique.

Je ne connais pas exactement ni le nombre des
chevaux qui ont fourni le sérum moyen de chevaux,
ni le nombre des chevaux qui ont fourni le sérum
antidiphtérique mais je sais, par le nombre de flacons

de sérum antidiphtérique que j'ai achetés et par le nombre indéterminé mais approchant de la vingtaine, m'a-t-on dit, de chevaux qui ont fourni le sérum que j'ai analysé, je sais, dis-je, que je puis considérer le sérum moyen de cheval et le sérum antidiphtérique comme le résultat de mélanges à peu de chose près égaux en nombre; de sorte que le sérum moyen de cheval et le sérum antidiphtérique représentent, sans doute, la composition moyenne du sérum du cheval normal et la composition moyenne du sérum anti-diphtérique tel qu'il est préparé à l'Institut Pasteur.

Le nombre des unités composant une moyenne fait nécessairement varier la valeur du quotient de la somme par le nombre, mais une moyenne n'est pas nécessairement égale à une autre moyenne, lorsque la somme des unités de l'une des moyennes est inférieure ou supérieure à la somme des unités d'une autre moyenne ou lorsque le nombre des unités d'une moyenne est inférieur ou supérieur au nombre des unités d'une autre moyenne ; pour le pouvoir rotatoire des albuminoïdes, nous avons constaté que le mélange de six blancs d'œufs, nous donnait parfois une moyenne égale au mélange de douze blancs d'œufs ; que le mélange de trois ou quatre sérums d'animaux d'une même espèce nous donnait une moyenne égale au mélange de six ou

huit sérums ; ceci prouve que pour obtenir les propriétés moyennes de substances déterminées, il fau%
que ces substances soient mélangées en grand
nombre, puisque des sommes d'unités différentes
divisées par leur nombre également différent donnent des quotients égaux. Le mélange du sérum
moyen de cheval étant fait d'un nombre assez élevé
de sérums de cheval et le mélange du sérum antidiphtérique étant fait également d'un nombre assez
élevé de sérums antidiphtériques, nous pouvons
considérer l'angle de rotation de 50' du sérum moyen
de cheval et l'angle de rotation de 48' du sérum
antidiphtérique, comme l'expression moyenne du
pouvoir rotatoire du sérum de cheval et comme
l'expression moyenne du pouvoir rotatoire du sérum
antidiphtérique. Deux minutes de différence ne
constituent pas un grand écart entre l'ouverture de
l'angle de rotation du sérum moyen de cheval et du
sérum anti-diphtérique, mais, ces deux minutes
d'écart entre les ouvertures des angles de rotation
ont été observées sous une épaisseur de deux centimètres, ce qui augmente leur valeur ; le calcul,
d'ailleurs, intervertit la grandeur de l'ouverture des
angles de rotation du sérum moyen de cheval et
du sérum moyen antidiphtérique ; l'ouverture de
l'angle de rotation, calculé, du sérum moyen de
cheval est de 54'9 et l'ouverture de l'angle de rota-

tion, calculé, du sérum moyen antidiphtérique est de 55'2.

Nous savons pourquoi l'ouverture de l'angle de rotation du sérum moyen de cheval est plus grande que l'ouverture de l'angle de rotation du sérum moyen antidiphtérique ; c'est la matière minérale qui modifie le groupement moléculaire d'une partie de la substance optiquement active d'une façon plus accentuée dans le sérum antidiphtérique que dans le sérum moyen de cheval.

Ce qui semble plus extraordinaire, c'est que l'ouverture d'un angle de rotation, calculé, d'un sérum dont l'ouverture de l'angle de rotation, trouvé, est plus petite que l'ouverture de l'angle de rotation, trouvé, d'un autre sérum, devienne plus grande que l'ouverture de l'angle de rotation, calculé, de cet autre sérum ; nous nous en expliquerons.

La somme des coefficients du sérum moyen de cheval et la somme des coefficients du sérum moyen antidiphtérique n'équivalent pas : 25.807, tel est le total des coefficients du sérum moyen de cheval ; 27.13, tel est le total des coefficients du sérum moyen antidiphtérique.

La matière minérale est plus abondante chez les jeunes sujets que chez les adultes ; elle est plus abondante chez les mâles et chez les femelles pendant la période de reproduction ; les coefficients de diffusion minérale des sérums que nous venons d'étudier en sont une nouvelle preuve à ajouter à celles que l'on connaissait déjà.

L'eau est plus abondante chez les jeunes sujets que chez les adultes, que chez les sujets âgés ; son volume est en rapport avec l'activité vitale des tissus. La matière minérale se porte avec empressement sur les points de l'organisme lésés, que la lésion soit d'ordre pathologique ou d'ordre expérimental (Charrin).

La matière minérale du sérum moyen antidiphtérique étant plus grande que la matière minérale du sérum de cheval, nous pouvons admettre que le sérum moyen antidiphtérique est un sérum plus jeune que le sérum moyen de cheval ou que le sérum moyen antidiphtérique est un sérum pathologique en voie de réparation ; la quantité d'eau du sérum moyen antidiphtérique étant plus grande que la quantité d'eau du sérum moyen de cheval, nous devons admettre que l'activité vitale est plus intense dans le sérum moyen antidiphtérique que dans le sérum moyen de cheval, fait qui s'accorde avec la plus grande minéralisation du sérum moyen antidiphtérique par rapport à la minéralisation du sérum moyen de cheval.

Le sérum antidiphtérique, sérum moyen de plusieurs chevaux, contient plus d'eau, plus de matière minérale que le sérum moyen normal de plusieurs chevaux ; nous sommes obligés de croire, d'après ce qui précéde, ou que le sérum moyen anti-diphtérique appartient, par une coïncidence incroyable, ou à des chevaux, tous plus jeunes que ceux qui nous ont fourni le sérum moyen normal, ou que les chevaux qui ont fourni le sérum moyen antidiphtérique, étaient tous au milieu de leur période de reproduction, car nous l'avons vu, la jeunesse, l'état de reproduction sont les moments, chez les différents animaux, à l'état de santé, pendant lesquels la matière minérale et l'eau sont le plus abondantes dans leurs sérums.

Le sérum de cheval qui nous a servi pour nos analyses provenait de l'abattoir aux chevaux ; il était donc composé du sérum de chevaux de provenances diverses ; la minéralisation du sérum de ces différents chevaux, de conditions sociales différentes, si j'ose m'exprimer ainsi, me paraît être le reflet de la véritable minéralisation du sérum de cheval.

Le sérum antidiphtérique est fourni, si je ne m'abuse, par des chevaux soumis à toutes les règles de nourriture et d'hygiène qui découlent des connaissances les plus étendues de l'hippiatrique ; alors, je ne puis m'expliquer la différence qui existe entre la matière organique du sérum moyen normal de

chevaux provenant de l'abattoir et la matière organique du sérum pathologique des chevaux intoxi-
qués avec la toxine diphtérique ; je ne puis m'expliquer davantage, la différence qui existe entre la
matière minérale du sérum des chevaux toxininés et
la matière minérale du sérum normal de chevaux ;
je ne puis m'expliquer la différence qui existe entre
la quantité d'eau du sérum moyen antidiphtérique
et la quantité d'eau du sérum moyen normal de
chevaux.

Faut-il ne voir dans les différences qui séparent
les coefficients du sérum moyen antidiphtérique des
coefficients du sérum moyen normal de cheval,
qu'une de ces curieuses particularités qui éloignent
l'expression des coefficients du sérum d'un animal
de l'expression des coefficients d'un autre animal
de la même espèce ? Je ne le crois pas, parce que
nous sommes en présence de sérums moyens et non
pas en présence du sérum d'un cheval en comparaison avec le sérum d'un autre cheval ; je crois
qu'il faut considérer le mélange de plusieurs sérums
de chevaux comme physiologique, et le mélange
des sérums antidiphtériques comme pathologique ;
le sérum antidiphtérique est, par sa minéralisation
comparativement au sérum moyen de cheval, un
sérum de défense de l'organisme chez le cheval
toxininé.

Les albuminoïdes du sérum antidiphtérique conservent leur pouvoir rotatoire ; nous pouvons en conclure que les toxines n'altèrent point le groupement moléculaire des albuminoïdes, mais que la défense de l'organisme modifiant la participation à la vie des différents éléments de minéralisation, la minéralisation modifie la qualité des albumines. Ainsi, le pouvoir rotatoire, calculé, du sérum moyen antidiphtérique est plus grand que le pouvoir rotatoire, calculé, du sérum moyen de chevaux, tandis que le pouvoir rotatoire trouvé du sérum moyen de chevaux est plus grand que le pouvoir rotatoire du sérum antidiphtérique ; cette différence entre les deux pouvoirs rotatoires des deux sérums, entre le pouvoir rotatoire moléculaire du sérum moyen de chevaux, 4°35, et le pouvoir rotatoire moléculaire du sérum moyen antidiphtérique, 4°40, est le résultat de la participation à la vie du sérum de ses divers éléments de minéralisation.

La proportion des éléments minéraux ou organiques qui entrent dans la constitution du sérum moyen antidiphtérique est faite, non point de l'action directe de la toxine, mais indirectement de la réaction de l'organisme contre la toxine ; le coefficient de la chaux, parmi les coefficients de construction minérale, est de 0,60 dans le sérum moyen de cheval ; il est de 1,10 dans le sérum moyen antidiphtérique ; le coefficient de la chaux parmi les coefficients de constitution minérale, est de 0,048 dans le sérum moyen de cheval ; il est de 0,10 dans le sérum moyen antidiphtérique ; ainsi, la chaux se trouve considérablement augmentée dans le sérum moyen antidiphtérique, non seulement par rapport à la matière minérale totale, mais encore par rapport à la matière organique. Cependant, le coefficient minéralo-organique de la chaux du sérum moyen antidiphtérique est au-dessous du coefficient minéralo-organique de la chaux du sérum d'un cheval unique (0,15) ; le coefficient minéralo-organique de la chaux du sérum moyen de cheval est de beaucoup au-dessous du coefficient minéralo-organique du sérum du cheval unique : 0.048 ; 0,15 — 0,048 = 0,102 ; de sorte que le coefficient minéralo-organique de la chaux du sérum moyen antidiphtérique reste de beaucoup au-dessus du coefficient minéralo-organique du sérum moyen de cheval, le sérum antidiphtérique et le sérum moyen de cheval étant deux termes comparables, entre eux, termes que l'on ne peut pas comparer au sérum d'un seul représentant de la famille.

Reprenons la comparaison des quatre coefficients primordiaux du sérum moyen de cheval et du sérum moyen antidiphtérique ; nous avons vu, dans le courant des leçons antérieures, que les quatre coefficients étaient en de tels rapports avec la grandeur de l'ouverture de l'angle de rotation que pour un esprit non prévenu ils paraissaient dominer la valeur du pouvoir rotatoire. En effet, le double jeu de la matière minérale, dans la constitution des sérums, par rapport à l'ouverture de l'angle de rotation, donne le change sur son action réelle.

Le rapport de la matière minérale à la matière organique est de 11,13 0/0 plus grand dans le sérum moyen antidiphtérique que dans le sérum moyen de cheval ; le rapport de la matière organique du sérum moyen antidiphtérique à la matière organique du sérum moyen de cheval est de 7,35 0/0 plus petit, pour une même quantité d'eau. Si les coefficients réglaient seuls la grandeur du pouvoir rotatoire, il est certain que la matière minérale n'aurait aucune action sur l'angle de déviation de la lumière polarisée des sérums ; en effet, à un coefficient de diffusion organique plus grand et à un coefficient de matière minérale plus petit correspond, pour le sérum moyen de cheval, un angle de rotation plus ouvert ; à un coefficient de diffusion organique plus petit et à un coefficient de matière minérale plus grand, correspond pour le sérum moyen antidiphtérique un angle de rotation plus rétréci ; angle de rotation du sérum moyen de cheval = 50' ; angle de rotation du sérum antidiphtérique = 48'. Mais la quantité d'eau demeurant la même, la matière minérale et la matière organique sont changeantes ; en considérant la matière organique comme optiquement active dans toutes ses parties et en admettant que, pour une solution de même concentration, sous une épaisseur de deux centimètres, nous trouvons que l'angle de rotation du sérum moyen de cheval est de 54'9 et l'angle de rotation du sérum moyen antidiphtérique est de 55'2, nous sommes forcés de reconnaître que la matière minérale a une action directe sur le pouvoir rotatoire des sérums en général et sur le pouvoir rotatoire du sérum de cheval et du sérum moyen antidiphtérique en particulier, action qui augmente le pouvoir rotatoire du sérum moyen antidiphtérique et qui diminue le pouvoir rotatoire du sérum moyen de cheval le calcul du pouvoir rotatoire moléculaire du sérum moyen de cheval et du sérum moyen anti-diphtérique confirme, d'ailleurs, l'action de la matière minérale sur les deux sérums, car le pouvoir rotatoire moléculaire est de $4°35$ pour le sérum moyen de cheval et de $4°46$ pour le sérum moyen antidiphtérique, comme je vous l'ai dit plus haut ; le pouvoir rotatoire plus petit du sérum moyen antidiphtérique devient plus grand que le pouvoir rotatoire du sérum moyen du cheval, grâce à la matière minérale, puisque nous ne pouvons pas augmenter le poids de la matière organique, portant la substance optiquement active, pour l'unité de solution.

Si l'analyse du sérum moyen antidiphtérique le différencie assez sensiblement, au point de vue de la minéralisation, du sérum de cheval moyen, je suis obligé d'avouer que le pouvoir rotatoire ne nous permet pas de distinguer le sérum moyen anti-diphtérique du sérum moyen de cheval, car, ni les deux minutes qui séparent le pouvoir rotatoire calculé, des deux sérums, ni les quelques fractions de minute qui séparent le pouvoir rotatoire molé-culaire des deux sérums, ne nous autorisent pas à dire que le groupement moléculaire de la matière organique des deux sérums soit essentiellement différent ; mais, par ailleurs, nous sommes autorisé à dire que les toxines ne sont pas de l'ordre des albuminoïdes ; elles agissent en-dehors des albu-minoïdes.

Nous voici arrivés au terme de ces leçons. De notre étude se dégagent plusieurs faits : 1° la spéci-ficité de minéralisation ; la part prise par la miné-ralisation dans les actes de la sélection naturelle ; 2° l'action de la matière minérale sur le pouvoir rotatoire des albuminoïdes ; 3° l'action paradoxale de la matière minérale sur les albuminoïdes ; 4° le

pouvoir rotatoire moyen ; le pouvoir rotatoire d'un
mélange de plusieurs albuminoïdes devient le quotient de la somme des pouvoirs rotatoires des albuminoïdes qui entrent dans le mélange, divisés par
leur nombre ; le pouvoir rotatoire devient moyen ;
5° le pouvoir rotatoire des sérums ne nous donne
aucune indication sur leur constitution.

TABLE DES MATIÈRES

21

———

IMPRIMERIE F. DEVERDUN, BUZANÇAIS (INDRE).

9 782329 076010